dtv
premium

Marcus Chown
Govert Schilling

DAS UNIVERSUM TWITTERN

Kurze Sätze über große Ideen

Aus dem Englischen
von Birgit Brandau

Deutscher Taschenbuch Verlag

Von Marcus Chown im dtv:
Das Universum und das ewige Leben (dtv 24712)
Intelligentes Leben im Universum (dtv 24802)
Warum Gott doch würfelt (dtv 34735)

Deutsche Erstausgabe 2013

Titel der englischen Originalausgabe:
›Tweeting the Universe. Very Short Courses on Very Big Ideas‹ (Faber and Faber Limited, London 2011)

Umschlagkonzept: Balk & Brumshagen
Umschlaggestaltung: Lisa Höfner
Satz: Bernd Schumacher, Friedberg
Druck und Bindung: Kösel, Krugzell
Gedruckt auf säurefreiem, chlorfrei gebleichtem Papier
Printed in Germany · ISBN 978-3-423-24955-3

Für John Grindrod – den witzigsten Tweeter –, weil er Marcus dazu gebracht hat, mit dem Twittern anzufangen.

VORWORT

Ihren Anfang nahm die Sache auf einer kleinen Insel in der Karibik. Klingt doch nach einer richtig guten Geschichte, oder?! Und na ja, irgendwie stimmt es ja auch – in gewisser Hinsicht jedenfalls.

Aruba ist die wasserärmste der Karibischen Inseln – bekannt für ihre Kasinos, ihre windgebeugten Divi-Divi-Bäume, aber sonst kaum etwas. Am 26. Februar 1998 führte die Ausrichtung von Sonne, Erde und Mond dazu, dass die Insel für 3 Minuten und 32 Sekunden Ort eines der beeindruckendsten Schauspiele war, die die Natur zu bieten hat – nämlich das, wenn der Mond am helllichten Tag die Sonne ausknipst. Marcus war in Aruba, um für die englische Zeitschrift ›New Scientist‹ über die totale Sonnenfinsternis zu berichten, und Govert war dort, um das Gleiche für die niederländische Wochenzeitung ›Intermediair‹ zu tun. Aruba gehört zu den früheren Niederländischen Antillen.

Um es kurz zu machen: Hier trafen sich Marcus und Govert zum ersten Mal. Genauer: Govert nahm Marcus netterweise im Auto mit zum Flughafen, damit der seinen Flug um zwei Uhr nachts zurück nach England bekam.

Schnitt. Nun befinden wir uns im Jahr 2009. Da nahm ein soziales Netzwerk namens Twitter, an das 1998 noch kein Mensch gedacht hatte, rasant an Fahrt auf. Govert beteiligte sich begeistert, und auch Marcus tat das. Hier ist, ehrlich gesagt, die Wahrheit ein bisschen strapaziert. In Wirklichkeit waren sie, wie die meisten Leute, äußerst skeptisch Twitter gegenüber. Marcus musste von John Grindrod, dem Marketingleiter von Faber, seinem Verlag, überredet werden, einen Versuch zu wagen. John machte ihm klar, dass dies eine Möglichkeit sei, direkt mit seinen Lesern zu kommunizieren.

Um es wiederum kurz zu machen: Durch Twitter kamen Govert und Marcus wieder in Kontakt. Es stellte sich heraus, dass sie beide Tweeter waren, und Ende 2010 schickte Govert Marcus eine E-Mail mit einem interessanten Vorschlag.

Weil seine Follower ihm eine Menge Fragen stellten, hatte Govert die Idee, einen wöchentlichen Twitter-Kurs zu astronomischen Fragen einzurichten, der jeweils am Freitagabend erschien. Goverts Redaktionsleiter bei ›De Volkskrant‹, einer überregionalen Tageszeitung in den Niederlanden, erfuhr davon und fragte, ob er das nicht auch als wöchentliche Kolumne in der Zeitung tun könne. Also veröffentlichte Govert alle 15 Tweets jeweils am Tag nach dem Online-Erscheinen auch gedruckt. Die Zeitungsleser reagierten mit Begeisterung und Govert dachte nun an ein ganzes Buch für ein breiteres Publikum – auf Englisch. An diesem Punkt dachte er wieder an Marcus: Hätte er Interesse, zusammen mit ihm ein Buch mit Tweets zu schreiben?

Der erste Gedanke, der Marcus kam, war: »Was für eine Schrott-Idee.« Nein, ernsthaft: Er hielt die Idee für sehr gut. Also wandte er sich an Neil Belton, seinen Lektor bei Faber, der wahrscheinlich der Erste gewesen wäre, der dem Ganzen jeglichen Reiz abgesprochen hätte. Doch zu Marcus' Erstaunen war Neil absolut begeistert. Schon bald war ein Vertrag unterschrieben, und Govert und Marcus begannen mit der Zusammenarbeit.

Komplexe Sachverhalte wie die Urknall-Theorie auf eine Reihe von Tweets einzudampfen erwies sich als Herausforderung – um es mal vorsichtig auszudrücken. Govert hatte dank seiner wöchentlichen Tweet-Kolumne für ›De Volkskrant‹ schon ein wenig Übung. Alles an Erfahrung, was Marcus mitbrachte, war ›Solar System for iPad‹. Kein Beitrag, den er – über einen Planeten, einen Mond oder einen Asteroiden – schrieb, durfte dabei länger als 275 Wörter sein, damit er auf den iPad-Bildschirm passte und man nicht zur nächsten Seite scrollen musste. 275 Wörter ist kurz, aber verglichen mit einem Tweet von geradezu romanhafter Länge. Bei 140 Stellen (inklusive Leerzeichen) ist beim Tweet Schluss.

Marcus und Govert stellten schon bald fest, dass das, was sie anfangs für ein relativ kurzes Unterfangen gehalten hatten, ziemlich viel Zeit in Anspruch nahm. Zu starkes Verkürzen war gleichbedeutend mit Unverständlichkeit, also musste die Waage gehalten werden zwischen dem Eindampfen des Sachverhalts auf das Wesentliche und dem Anspruch, dem Leser wahres Verständnis zu vermitteln. Hier war es schwer, grundsätzlich unter 140 Zeichen zu bleiben. Meist dauerte es länger, ein paar überzählige Zeichen herauszustreichen, als einen ganzen Tweet zu verfassen. Marcus ertappte sich dabei, dass er in sein Notebook tippte, wenn er im Park unterwegs war, im Supermarkt in der Kassenschlange stand oder auf dem Oberdeck Londoner Busse saß. Für Govert, der viele Stunden am Schreibtisch verbrachte, war ein Spaziergang im Park nichts als ein ferner Traum!

Nachdem man sich einig war, dass die gegebene Anzahl an Themen 140 war, teilten sich Govert und Marcus je 70 zu. Nachdem die Texte geschrieben waren, tauschten sie sie aus, und jeder überarbeitete die Beiträge des anderen. Das war ein weiterer zeitraubender Prozess, mit dem sie nicht gerechnet hatten. Doch endlich war auch das geschafft. Im Lauf eines Jahres war Marcus vom Abfassen ganzer Bücher über 275-Wörter-Beiträge zu nur noch 140 Zeichen gelangt. Govert sagt keinen Satz mehr, der nicht in ein Tweet passen würde, und ihr Lektor bei Faber hat bereits als neues Projekt vorgeschlagen, Ursprung, Entwicklung und Zukunft des Universums in Haiku zu packen. Das *ist* doch ein Witz, Neil?

Das ist es doch, oder??

Marcus Chown (London) und
Govert Schilling (Amersfoort)

DER HIMMEL

1. WIE ENTSTEHT EIN REGENBOGEN?

1665. Pest in London. Cambridge macht dicht. Newton, 22, unbekannt, geht nach Hause. In 18 Monaten Quarantäne verändert er die Wissenschaft.

In dem Superjahr, in dem Newton die Gravitation beschreibt, fragt er sich: Warum haben Sterne im Fernrohr eine Korona in Regenbogenfarben?

Fernrohre haben Linsen verschiedener Stärke. Newton benutzte eine einfachere Version: dreieckige, unterschiedlich dicke Glaskeile (Prismen).

Newton leitet weißes Sonnenlicht, das durch einen Vorhangschlitz dringt, durch ein Prisma. Auf der abgedunkelten Wand gegenüber sieht er ...

... das »Spektrum« aller Regenbogenfarben aufgefächert – Rot (r), Orange (o), Gelb (y), Grün (g), Blau (b), Indigo (i), Violett (v).

(Wenige wissen, dass die Figur Roy G. Biv in dem Roman ›The Information‹ von Martin Amis nach den englischen Farbkürzeln benannt ist.)

Newton stellt ein 2., umgekehrtes Prisma in das aufgefächerte Licht & die Farben schließen sich wieder zu weißem Licht zusammen!

Newton folgert richtigerweise, dass sich das weiße Licht, das von der Sonne kommt, aus den Farben des Regenbogens zusammensetzt.

Das Prismenglas beugt verschiedene Farben unterschiedlich stark & fächert so das weiße Licht in seine Komponenten auf.

Licht ist eine Welle (zu klein fürs Auge) & jede Farbe hat eine andere Wellenlänge. Die von Rot ist ca. doppelt so groß wie die von Blau.

Ein Regenbogen entsteht durch Wassertröpfchen, die als unzählige Winzprismen fungieren & das weiße Sonnenlicht in seine Farben zerlegen.

Tropfenrückwände sind wie Winzspiegel. Licht tritt nach 1 oder erst 2 Reflexionen aus: Dann 2 Regenbögen, der 2. mit umgekehrter Farbfolge.

Der Winkel zwischen ein- & austretendem Lichtstrahl beträgt 42° (Regenbogenwinkel). Für den 2. Regenbogen beträgt er 51°.

Ein Regenbogen umfasst in Wahrheit einen kompletten Kreis. Doch der Horizont schneidet ihn ab, sodass wir nur einen Halbkreis sehen.

Newton löste das Problem der Sterne mit Regenbogenkorona, indem er die Linsen durch Spiegel ersetzte. Erfand das Spiegelteleskop. Genial!

2. WARUM IST DER HIMMEL BLAU?

Die Luft ist ohne Frage durchsichtig & nicht blau, also liegt die Antwort nicht auf der Hand!

Die Erklärung, warum der Himmel blau ist, fand Ende des 19. Jh. der englische Physiker Lord Rayleigh (bekam 1904 den Physiknobelpreis).

Fakt 1: Licht breitet sich wie eine Welle auf einer Teichoberfläche aus. Fürs Auge ist die Wellenlänge aber zu klein.

Fakt 2: Weißes Sonnenlicht besteht – laut Newton – aus allen Farben des Regenbogens, von Blau (kürzeste Wellenlänge) bis Rot (längste).

Fakt 3: Durch ihre Größe lenken (streuen) die Sauer- & Stickstoffmoleküle in der Luft blaues Licht viel stärker ab als rotes Licht.

Folge: Fällt weißes Sonnenlicht in Luft, wird vor allem blaues Licht herausgenommen (gestreut) – ein diffuser blauer Hintergrund entsteht.

Die Sonne wird am Horizont rot, weil ihr Licht da einen längeren Weg durch die Atmosphäre hat, was 100 % Blau entfernt & nur Rot belässt.

Ändert sich die Partikelgröße in der Atmosphäre, färbt sich der Himmel. Durch Luftverschmutzung oder Vulkanstaub wird er rot.

Besteht die passende Partikelgröße, kann auch der Mond blau erscheinen. In England sagt man wohl daher »bei Blaumond« für »alle Jubeljahre«.

Der Marshimmel kann rosa oder gelb sein – die Farbe hängt allein von der Größe der Staubpartikel ab, die in die dünne Atmosphäre wehen.

Weit oben in der Erdatmosphäre gibt es weniger Luftmoleküle, die das Sonnenlicht streuen können. Dort ist der Himmel tiefschwarz statt blau.

3. WARUM IST DER AUFGEHENDE VOLLMOND SO GROSS?

Kurze Antwort: Ist er nicht. Der Mond wirkt zwar (wie die Sonne) riesig, wenn er dicht am Horizont steht. Bloße optische Täuschung!

Beweis: Kleine Münze auf Armlänge entfernt halten & die relative Größe von Münze & aufgehendem Mond vergleichen. Dann ...

... den Versuch wiederholen, wenn der Mond hoch am Himmel steht. Ergebnis: Der Mond hat dieselbe Größe wie zuvor. Nennt man Mondtäuschung.

Das Gleiche gilt für die auf- & untergehende Sonne. Da man aber kaum in die Sonne starrt, nimmt man das Phänomen eher bei Vollmond wahr.

Übrigens kann man das auch bei Sternbildern beobachten. Der Große Wagen wirkt direkt über fernen Gebäuden weit größer als hoch am Himmel.

Was bewirkt die Täuschung? Keiner weiß es. Kann sein, weil wir den Himmel (falsch) als etwas abgeflacht statt 100% kugelförmig wahrnehmen.

Mitten auf dem Meer ist die Mondtäuschung weniger ausgeprägt. Deutet darauf hin, dass Bäume/Gebäude am Horizont von Bedeutung sind.

Der Grund ist wohl, dass sich der groß wirkende Mond im selben Blickbereich wie ferne Objekte befindet, deren Größe uns genau bekannt ist.

Wenn die Mondtäuschung ein Streich unseres Gehirns ist, sollten wir es überlisten können, indem wir vertraute Dinge als fremd betrachten.

Betrachten Sie den Mond einfach kopfüber durch Ihre Beine. Alles steht auf dem Kopf & wirkt fremd – & die Mondtäuschung ist fast weg.

Tatsächlich ist der Mond am Horizont sogar »kleiner« als genau über Ihrem Kopf – bedenken Sie den Erdradius, der zur Entfernung hinzukommt.

Zudem ist nicht jeder Vollmond gleich groß. Die Mondbahn ist ellipsenförmig, also variiert die Entfernung zwischen Erde & Mond stark.

Nicht vergessen: In Wahrheit ist der Mond ein kleiner Himmelskörper. Künstler zeigen ihn aber immer unangemessen groß auf ihren Bildern.

4. WAS BEWIRKT DIE MONDPHASEN?

Lichtgestalt des Mondes wechselt ständig: Sichel, halb, drei viertel, voll ... der komplette Zyklus dauert ca. 29,5 Tage (synodischer Monat).

Hauptfakt: Der Mond leuchtet nicht selbst. Sichtbar ist er nur, wenn die Sonne ihn anstrahlt – wenn er das Sonnenlicht reflektiert.

»Phasen« durch wechselnden Lichteinfall von der Sonne: Mal ist ein großer Teil der sichtbaren Mondoberfläche beleuchtet, mal weniger.

Wie die Erde hat der Mond Tag- & Nachtseite (Sonne zu-/abgewandt). Jeweils die Hälfte ist hell. Keine ewig dunkle Seite (sorry, Pink Floyd).

Wenn Sonne & Mond etwa in einer Linie stehen, ist seine Rückseite beleuchtet. Auf der Erde sehen wir die dunkle Seite – den Neumond.

Gut 1 Woche später hat der Mond das 1. Viertel seines Orbits durchlaufen. Die Sonne beleuchtet ihn nun von Westen. Wir sehen den Halbmond.

Wieder 1 Woche später steht der Mond auf der der Sonne entgegengesetzten Seite. Wir Erdlinge sehen die beleuchtete Seite – den Vollmond.

Nach 75 % des Orbits (letztes Viertel) wird der Mond von Osten beleuchtet, nun ist seine westliche Hälfte dunkel für uns.

Eselsbrücke: Im 1. Viertel ist der Mond nur in der 1. Nachthälfte zu sehen, im letzten Viertel nur während der 2. Nachthälfte.

Der Vollmond steht der Sonne gegenüber, daher geht er bei Sonnenuntergang auf & bei Sonnenaufgang unter & ist die ganze Nacht zu sehen.

Der durchschnittliche Mondzyklus dauert 29 Tage, 12 Stunden, 44 Minuten, 2,9 Sekunden (Basis für den jüdischen & den islamischen Kalender).

Auch die Erde durchläuft Phasen – vom Mond aus gesehen. Bei Neumond wäre dort für einen Astronauten Vollerde & umgekehrt.

5. WAS IST EINE MONDFINSTERNIS?

Bei einer Mondfinsternis blockiert die Erde das Sonnenlicht, das Richtung Mond fällt. Beeindruckend, besonders die gespenstische rote Farbe.

Bei einer Mondfinsternis muss die Erde zwischen Sonne & Mond stehen. Daher können MoFis nur zur Vollmondzeit auftreten.

Der Mondorbit ist etwas geneigt zum Erdäquator, daher Durchgang des Vollmonds meist leicht über oder unter dem Erdschatten ...

... also keine MoFi. Diese tritt ein beim Durchgang direkt entlang des Erdäquators.

Zu Beginn der totalen MoFi tritt der Mond in den (äußeren) Halbschatten der Erde: Nur ein Teil des Sonnenlichts bleibt weg, Mond ist düster.

Dann erreicht der Mond den Kernschatten. Stück für Stück verschwindet von ihm, bis er schließlich total verdunkelt ist.

Doch der Mond wird nicht völlig unsichtbar, obwohl kein Sonnenlicht mehr auf seine Oberfläche fällt: Er glüht in dunklem Rotorange.

Die rote Farbe bei der MoFi kommt von Sonnenlicht, das die Erdatmosphäre durchläuft & von den Luftmolekülen in den Schatten gestreut wird.

Zur Verdeutlichung: Stünden Sie bei einer totalen MoFi auf dem Mond, wären Sie im Erdschatten & die Sonne hinter der Erde wäre unsichtbar.

Die Atmosphäre glüht als roter Ring um die dunkle Erde (wie der rote Sonnenuntergangshimmel). Folge: Der Mond wird leicht rot gefärbt.

Während der MoFi wird der Vollmond schwächer, dann dunkel & rot. Viel mehr Sterne werden sichtbar. Die Totalität kann bis 1:40 h dauern.

Manche MoFis sind partiell (nur ein Teil des Mondes im Kernschatten) oder beschränken sich auf den Halbschatten (kaum erkennbar).

Nächste totale MoFis: 15.4.14 (Amerika, Australien), 8.10.14 & 4.4.15 (Nordamerika, Ostasien, Australien), 28.9.15 (u.a. Europa).

6. WAS IST EINE TOTALE SONNENFINSTERNIS?

Eine totale Sonnenfinsternis ist fraglos das spektakulärste Naturereignis, das Sie je beobachten können. Versäumen Sie sie also nicht!

Bei einer SoFi zieht der Mond vor der Sonne vorbei. Da er sich dabei zwischen Erde & Sonne befinden muss, ist das nur bei Neumond möglich.

Nicht jeder Neumond führt zur SoFi. Meist zieht er leicht unter oder über der Sonne vorbei, weil sein Orbit ein wenig geneigt ist.

Während der SoFi läuft der Mondschatten über die Erde, nur ein schmaler Korridor liegt im totalen Bereich. Ort & Zeit sind entscheidend!

In der 1. Phase bedeckt der Mond immer mehr von der Sonne. Die Temperatur fällt, das Licht wird gespenstischer, Tiere werden unruhig.

Am Ende rast der Schatten auf den Beobachter zu, Planeten werden sichtbar, letzte Sonnenstrahlen funkeln wie Edelsteine am »Diamantring«.

Dunkelheit bricht herein, Sterne erscheinen, der Mond ist ein schwarzes Loch am Himmel, umgeben von der äußeren Sonnenatmosphäre (»Korona«).

Die Totalität dauert nur wenige Minuten. Höchst emotionale Angelegenheit (manche weinen)! Bann bricht, wenn 1. Sonnenstrahl aufleuchtet.

Kosmischer Zufall ist schuld an totaler SoFi: Die Sonne ist 400 × größer als der Mond, aber 400 × weiter weg – beide wirken gleich groß.

Ist der Mond weiter als üblich von der Erde weg, erscheint er kleiner & kann die Sonne nicht ganz bedecken: Ringförmige statt totaler SoFi.

Nächste totale SoFis: 20.3.15 (Nordatlantik, Spitzbergen), 9.3.16 (Indonesien, Pazifik), 21.8.2017 (Nordpazifik, USA, Südatlantik).

7. WARUM SIND SOMMER WARM UND WINTER KALT?

Die Erdumlaufbahn ist kein perfekter Kreis, sondern eine Ellipse, daher wechselt der Abstand zur Sonne. Hat aber mit den Jahreszeiten ...

... nichts zu tun! Sonst müsste überall dieselbe Jahreszeit herrschen. Doch wenn die Nordhälfte Sommer hat, ist im Süden Winter & umgekehrt.

Die Jahreszeiten bewirkt die geneigte Rotationsachse. Wie der Globus in der Schule ist die Erde um 23,5° aus der Vertikalen gekippt.

Im Juni ist die Nordhalbkugel zur Sonne geneigt, die Südhälfte zeigt von ihr weg. 6 Monate später (im Dezember) ist das umgekehrt.

Im Sommer sind die Tage länger als die Nächte. Dazu steht die Sonne höher am Himmel & erwärmt den Boden stärker. Somit: höhere Temperaturen.

Im Winter sind die Nächte länger als die Tage, die Sonne steht tief am Horizont & hat nicht die Kraft, den Boden sonderlich zu erwärmen.

Auf der Nordhalbkugel gibt es das meiste Sonnenlicht am 21. Juni (Sommersonnenwende) & das wenigste am 21. Dezember (Wintersonnenwende).

Da Meere & Atmosphäre träge auf das veränderte Sonnenlicht reagieren, folgen die wärmsten/kältesten Monate erst nach den Sonnenwenden.

Am 20. März & 22. September steht die Sonne genau über dem Erdäquator: Tagundnachtgleiche. Auf der ganzen Erde sind Tag & Nacht gleich lang.

Jeder Planet mit Achsenneigung hat Jahreszeiten. Die auf dem Mars sind wie unsere (ähnliche Neigung), dauern aber länger (größerer Orbit).

Beim Mars spielt Sonnenentfernung eine größere Rolle, denn sein Orbit ist viel elliptischer als der der Erde. Jahreszeiten sind extremer.

8. WAS IST EIN STERNBILD?

Vor Zehntausenden von Jahren betrachteten Menschen den Nachthimmel & interpretierten Muster in die per Zufall gestreuten Sterne.

Manche Sterngruppierungen erinnerten sie an Tiere wie Stiere, Hunde, Bären & Schlangen. So wurden die Sternbilder geboren.

Später wurden andere Sternkonstellationen nach Göttern & mythischen Figuren benannt.

Der römische Universalgelehrte Ptolemäus (90–168 n. Chr.) listete 48 Konstellationen auf.

Zu den bekanntesten gehören: Ursa Major (Großer Bär mit dem Großen Wagen), Orion, Löwe, Schwan, Stier, Kassiopeia, Zwillinge, Herkules.

Ende des 16. Jh. kartierten holländische Seefahrer den Südhimmel & fügten neue Sternbilder wie Tukan & Paradiesvogel hinzu.

Noch später kamen in der nördlichen Hemisphäre neue, unscheinbarere Sternbilder wie Fuchs & Eidechse dazu. Seit 1930 gibt es 88 anerkannte Sternbilder. Jeder Punkt am Nachthimmel ist einer bestimmten Konstellation zugeordnet.

Die einzelnen Sterne einer Konstellation können ungeheuer weit voneinander entfernt sein & haben normalerweise nichts miteinander zu tun.

Ein naher Stern & eine extrem ferne Galaxie können zum selben Sternbild gehören – solange sie am irdischen Himmel benachbart sind.

Sternbilder sind also rein optische Gruppierungen von Sternen & verändern sich aufgrund der Eigenbewegungen der Sterne allmählich.

Manche Sternbilder sind immer sichtbar, andere nie (außer für Leute am Äquator), die meisten nur zu einer bestimmten Jahreszeit.

Inka & Aborigines kannten auch »Dunkelwolken-Konstellationen«: dunkle Staubwolken in der Milchstraße, die Tieren, etwa dem Jaguar, ähneln.

9. WAS IST DER ZODIAK?

Sonne, Mond & Planeten bewegen sich vor einem Hintergrund fixer Sterne. Anders gesagt: Sie wandern von einem Sternbild zum nächsten.

Bei der Sonne kann man die Sterne dahinter natürlich nicht sehen. Trotzdem lässt sich der Weg der Sonne aus den Beobachtungen ableiten.

Sonne, Mond & Planeten können aber nicht irgendwo über den Himmel ziehen. Im Orion oder im Großen Wagen etwa tauchen sie nie auf.

Stattdessen bleiben ihre Bewegungen auf einen Kreis beschränkt, der von 12 Sternbildern begrenzt wird, den Tierkreis-Sternbildern.

Die Zodiak-Sternbilder sind: Widder, Stier, Zwillinge, Krebs, Löwe, Jungfrau, Waage, Skorpion, Schütze, Steinbock, Wassermann, Fische.

Auch wenn Zodiak mit Zoo verwandt ist: Nicht bei allen Bildern handelt es sich um Tiere. Einige sind Personen, die Waage ist unbelebt.

Die Jahresbahn der Sonne durch den Zodiak (die den Erdorbit widerspiegelt) ist ein Kreis am Himmel, der Ekliptik genannt wird.

Einst wurde die Ekliptik in 12 gleiche Segmente aufgeteilt, die in etwa mit den verschieden großen Sternbildern korrespondieren.

Die Astrologie (Aberglaube) behauptet, der Charakter hänge davon ab, wo im Tierkreis sich Sonne, Mond & Planeten bei der Geburt befinden.

Wegen der Erdachsenschwankung sind heute Zeichen & Konstellationen nicht mehr identisch; Verschiebung:
1 Sternbild pro 2100 Jahre.

Die Sonnenbahn (Ekliptik) verläuft auch durch den Schlangenträger, der keine Rolle in der Astrologie spielt & nicht zum Tierkreis gehört.

Sehr helle Sterne im Zodiak: Aldebaran (Stier), Castor & Pollux (Zwillinge), Regulus (Löwe), Spica (Jungfrau), Antares (Skorpion).

Das bedeutet viele tolle »Konjunktionen« von Mond und/oder Planeten mit einem dieser Sterne. Manchmal werden sie auch vom Mond verdeckt.

10. WAS IST DIE MILCHSTRASSE?

Die Milchstraße ist ein schwaches Lichtband oben am Nachthimmel. Ist nur im Dunkeln (außerhalb von Städten & ohne Mond) zu sehen.

Laut griechischer Mythologie handelt es sich um Muttermilch, die die Göttin Hera verspritzte, als Herakles an ihr saugen wollte.

In nordischen Sagen gelangen die Seelen der Toten auf der geisterhaften Milchstraße (Vintergatan, Winterstraße) nach Walhall (Jenseits).

Galileo Galilei (1564–1642) erkundete als Erster die Milchstraße per Fernrohr & war verblüfft, dass sie aus unzähligen Sternen besteht.

William Herschel (1738–1822) & Jacobus Kapteyn (1851–1922) versuchten, ihre Größe & 3-D-Form durch Sternezählen zu bestimmen.

Wir wissen heute: Milchstraße ist eine gigantische flache Sternenscheibe mit Spiralarmen. Unsere Sonne: dicht an Zentralebene im äußeren Bereich.

Wieso läuft die Milchstraße als Band quer über den Himmel? Vergleich: Vorstadt einer Riesenmetropole, alle Gebäude sind durchsichtig ...

Stadt ist recht flach, das meiste Licht nachts befindet sich im (horizontalen) Band rundherum, mit Konzentration Richtung Stadtzentrum.

Blick hoch oder runter bringt nur wenige Lichter (Hochhäuser, U-Bahn-Stationen). Ähnlich ist die Milchstraße Abbild einer flachen Scheibe.

Größe von Herschel & Kapteyn viel zu klein geschätzt. Dachten auch, Sonne sei in Zentrumsnähe. Licht absorbierender Staub führte sie in die Irre.

Wie in Nebelnacht in Vorstadt: Man sieht nur Lichter bis zu einer gewissen Entfernung & meint, man befände sich im Zentrum.

Echte Größe, Spiralstruktur & Dynamik der Milchstraße konnten erst mit Radioteleskopen (1950er) bestimmt werden: Staub stört sie nicht.

11. WAS SIND STERNSCHNUPPEN?

Sieht man 15 Minuten in den Nachthimmel, entdeckt man ein bewegtes Objekt. Blinkt es & hat ein rotes Licht, ist es sicher ein Flugzeug.

Hell, orange, Zeitlupe? Thai-Papierlaterne, oft in Gruppen. Gleichförmige Bewegung, minutenlang sichtbar? Künstlicher Satellit im Erdorbit.

So hell wie die Venus? Wahrscheinlich die Raumstation ISS. Folgt man @twisst, bekommt man ortsbezogene ISS-Sicht-Hinweise auf Twitter.

Sternähnliches Objekt, das über den Himmel streicht & nur 1 oder 2 Sekunden zu sehen ist? Ganz bestimmt ein Meteor – eine Sternschnuppe.

Hat nichts mit echten Sternen zu tun. Wie Meteor andeutet (vgl. Meteorologie), entsteht er in der oberen Atmosphäre, in ca. 80 km Höhe.

Ursache? Sandkorn oder Steinchen aus dem All, das in die Atmosphäre dringt (mit ca. 11 km/s). Reibung in der Luft bringt es zum Glühen.

Je größer der Stein, desto heller der Meteor. Die hellsten sind Boliden. Können eine schwache Spur hinterlassen, die zig Sekunden anhält.

Verbrannte Reste großer Meteore können als »Meteoriten« auf die Erde fallen. Kaum zu finden, wenn sie nicht auf Schnee oder in Wüste landen.

Meteore oft mit Kometen verbunden. Verlieren Staub auf der Bahn um die Sonne. Zieht die Erde durch den Staub: viele Meteore, Meteorschauer.

Meteorschauer scheinen aus einer bestimmten Himmelsregion zu kommen = Radiant. Ähnliche Perspektive wie beim Autofahren im Schneesturm.

Schauer tauchen alljährlich zur selben Zeit auf. Berühmt: Perseiden, ca. 12./13. August. Radiant liegt im Sternbild Perseus, danach benannt.

Andere: Quadrantiden (4.1.), Lyriden (22.4.), Orioniden (22.10.), Tauriden (6.11.), Leoniden (17.11.), Geminiden (14.12.).

12. WIE VIELE STERNE KANN MAN SEHEN?

Kommt drauf an. Fern von Städten sind in einer kristallklaren, mondlosen Nacht mit bloßem Auge mehrere Tausend Sterne zu erkennen.

In Großstädten sind nur die hellsten Sterne zu sehen. Schwächere werden von der Lichtverschmutzung (Fluch für Hobby-Astronomen) überlagert.

Griech. Astronomen haben die Sterne nach Helligkeit (Magnitude) eingeteilt. Hellste: 1 mag, schwächste, mit bloßem Auge erkennbare: 6 mag.

Mag-Skala weiter in Gebrauch, aber verfeinert. Eine Differenz von 5 mag entspricht Faktor 100 bei der Helligkeit (1 mag Faktor 2,512).

Die hellsten Sterne sind heller als 1 mag. Helligkeit kann mit einer Genauigkeit von 0,01 mag gemessen werden.

Beteigeuze: 0,50 mag, Wega: 0,03 mag, Sirius (hellster Stern überhaupt): –1,46 mag. Minuszeichen: größere Helligkeit (Sonne: –26,8 mag).

Nur 50 Sterne sind heller als 2 mag (von Städten aus sichtbar), 500 heller als 4 mag & 5 000 heller als 6 mag (Grenze fürs bloße Auge).

Mit einem Fernrohr sind sehr viel mehr Sterne zu sehen. Kleine Amateurfernrohre reichen bis 10 mag, was 340 000 Sterne bedeutet.

Das Hubble-Weltraumteleskop hat Sterne mit 30 mag entdeckt – mehrere Milliarden Mal so schwach, wie unser Auge erkennen kann.

»Scheinbare Helligkeit« ist abhängig von Entfernung. Die Beteigeuze wirkt schwächer als der nähere Sirius, strahlt real aber viel heller.

»Absolute Helligkeit«: Maß d. wahren Leuchtkraft, definiert als scheinbare Helligkeit, wenn Stern 10 Parsec (32,6 Lichtjahre) entfernt wäre.

Absolute Helligkeit der Beteigeuze beträgt –5,1 mag, die des Sirius +1,43. Beteigeuze ist also einige Hundert Mal lichtstärker als Sirius.

DIE ERDE

13. WOHER WISSEN WIR, DASS DIE ERDE RUND IST?

Abgesehen von Zacken wie etwa Bergen, erscheint die Erde flach. Doch das ist so, weil sie groß & ihre Krümmung nicht erkennbar ist.

Beweise: Auf dem Meer verschwinden Schiffe am Horizont, wenn sie noch deutlich Größe haben. Bei einer flachen Erde würden sie zu Punkten.

Oder: Bei einer Mondfinsternis wirft die Erde einen gewölbten Schatten auf den Mond.

Oder: Segelt oder fliegt man lange genug in dieselbe Richtung, kommt man wieder an seinem Ausgangspunkt an.

Oder: Selbst die Luftlinien zwischen 4 Städten – 1 bis 2, 2 bis 3 usw. – verraten die Kugelform. Wäre bei Fläche anders.

Schließlich: Es gibt Unmengen Fotos aus dem All, insbesondere vom Mond aus, die beweisen, dass unser Planet zweifelsfrei eine Kugel ist.

240 v. Chr. hat Eratosthenes, Leiter der Bibliothek von Alexandria, als Erster die Größe der Erde geschätzt.

Zur Sommersonnenwende wirft ein Pfeiler in Assuan keinen Schatten, weil die Sonne genau darüber steht, in Alexandria hat er aber einen.

Stellt sich heraus, dass die Sonne in Alexandria um 7° oder 1/50 Kreisbogen von der Vertikalen abweicht. Entfernung nach Assuan bekannt.

Eratosthenes berechnete daraus den Erdumfang auf rund 39 000 Kilometer, was nur um 1000 Kilometer von der Realität abweicht.

Doch die Erde ist keine perfekte Kugel: Am Äquator rotiert der Boden mit rund 1700 km/h. Die Erdtaille wölbt sich nach außen.

Unebenheiten des flüssigen Planetenkerns führen auch zu einer im Schnitt welligen Erdkruste, der als »Geoid« bekannten verbeulten Form.

14. WARUM BLEIBEN UNSERE FÜSSE AUF DEM BODEN?

Ein Wort: Gravitation! Sie ist die universelle Anziehungskraft zwischen allen Massen. Soweit wir wissen, unterliegt ihr alles im Universum.

Schwerkraft wirkt zwischen Ihnen & der Person, die gerade neben Ihnen steht, ebenso zwischen Ihnen & den Münzen in Ihrer Tasche.

Doch Gravitation ist eine schwache Kraft. Strecken Sie den Arm aus: Die vereinte Gravitation aller Materie der Erde bringt ihn nicht runter.

Die Gravitationskraft steigt aber mit der Masse. Für kleine Körper zu vernachlässigen, für große – Erde, Sonne, Galaxie – jedoch spürbar.

Schwerkraft ist wechselseitig. Die Erde zieht Sie an & Sie ziehen die Erde an. Aber die Erde ist größer & weniger leicht zu bewegen.

Der Mann, der sich wunderte, wieso große Frauen Anziehungskraft auf ihn ausüben, er aber nicht auf sie, sagte Profundes über Gravitation!

Die Gravitation der Erde hält unsere Füße fest auf dem Boden & den Mond in einer beständigen Erdumlaufbahn gefangen.

Laut Newton nimmt Gravitation m. d. Quadrat der Entfernung von der Masse ab: 2 × Entfernung = 4 × schwächer, 3 × Entfernung = 9 × schwächer.

Newton bewies auch, dass ein Planetenorbit nach dem »Abstandsgesetz« der Gravitation eine Ellipse bildet (wie von Johann Kepler beobachtet).

Newton »beschreibt« nur Erscheinungen der Gravitation. Eine bessere Darstellung kam von Einstein: die allgemeine Relativitätstheorie (1915).

Laut Einstein schreibt Materie (Energie) der Raumzeit ihre Krümmung vor & die gekrümmte Raumzeit (Gravitation) der Materie ihre Bewegung.

Die Erde bewirkt ein Tal in der Raumzeit (wie ein Bowlingkugel-Abdruck auf einem Trampolin). Andere Massen – wir etwa – fallen hinein.

Weder Newton noch Einstein erklären, was Gravitation *ist*. Man glaubt, sie sei ein wechselseitiger Austausch von Partikeln (Gravitonen).

Problem: Bislang konnte niemand Gravitation anhand von Gravitonen erklären, die »Quanten«-Theorie der Gravitation bleibt unscharf.

15. WAS IST DAS BESONDERE AN DER ERDE?

3 Gründe: Leben, Leben, Leben. Die Erde ist der einzige Planet mit Leben & mit weiteren speziellen Eigenschaften, ev. wegen des Lebens.

Bei den 4 Gesteinsplaneten im inneren Sonnensystem weist allein die Erdoberfläche Wasser auf – wichtig für Entstehung & Erhaltung von Leben.

Venus & Mars hatten wahrscheinlich relativ kurz nach ihrer Entstehung gleichfalls Wasser auf der Oberfläche.

Auf der Venus (näher an der Sonne) verdunsteten die Meere. Sie wurde zum ultimativen »Treibhausplaneten«.

Der Mars (kleiner als die Erde) kühlte schneller ab. Großteil von Atmosphäre & Wasserdampf entwichen ins All. Das übrige Wasser gefror.

Die Erde hat die Idealkombination von Größe & Sonnenentfernung: Dichter dran = zu warm (wie Venus). Viel kleiner = zu kalt (wie Mars).

Die Erde ist der einzige Gesteinsplanet mit großem Mond. Seine Gravitation stabilisiert die Erdachsenneigung – & somit das Lebensklima.

Radioaktivität hält den Erdkern flüssig. Langsame, geladene Strömungen schaffen das Magnetfeld. Schützt das Leben vor tödlichen Partikeln.

Und: Im Sonnensystem hat nur die Erde eine Plattentektonik (s. nächste Seite), was eine CO_2-Anreicherung in der Atmosphäre verhindert.

Laut Gaia-Hypothese ist die Erde ein riesiges »selbstregulierendes komplexes System«, bei dem Biologie & Geologie Hand in Hand arbeiten.

16. WAS IST PLATTENTEKTONIK?

Der Engländer Francis Bacon erkannte 1620, dass die Küstenlinien von Afrika & Südamerika Puzzleteilen gleichen, die aneinanderpassen.

Anfang des 20. Jh. fragte sich der Deutsche Alfred Wegener, ob die Kontinente einst zusammen waren & dann auseinanderdrifteten.

Wegener starb 1930 bei einer Grönland-Reise & erlebte den Triumph seiner höchst umstrittenen Vorstellung der »Kontinentaldrift« nicht mehr.

Ende des 20. Jh. war Wegeners Geistesblitz bestätigt & zur umfassenden modernen Theorie der »Plattentektonik« ausgeweitet.

Die Gesteinshülle der Erde (Lithosphäre) schwimmt auf flüssigem Magma.

Es gibt zwei Arten von Krusten: die dünnere & dichtere des Meeres & die dickere & leichtere des Landes – letztere schwimmt höher.

Die Lithosphäre besteht aus »Platten«. Wo Kontinentalplatten kollidieren, faltet sich die Kruste auf: Gebirge (wie der Himalaja) entstehen.

Kollidieren Kontinental- & Meeresplatten, taucht Letztere weg & drückt die andere hoch: Berge (wie die Anden) & Vulkane entstehen.

Treiben Platten auseinander, steigt Lava auf, füllt die Lücke & wird zu neuer Kruste. Das geschieht an den Mittelozeanischen Rücken.

Dies hat zur Folge, dass sich der jeweilige Ozean vergrößert. Der Atlantik war einst eine Pfütze, & in Afrika können wir derzeit ...

... das Entstehen eines neuen Meeres beobachten: Bei Afar in Äthiopien treiben 3 Platten auseinander. Die Lücke wird sich mit Wasser füllen.

Vor 250 Millionen Jahren gab es auf der Erde 1 »Superkontinent«: Pangäa. Er brach auseinander & die heutigen Kontinente entstanden.

Antrieb der Plattentektonik ist heißes Magma, das im Erdinneren aufsteigt, & kühleres Magma, das absinkt (~Wasser, das man erhitzt).

Wärmequelle: Radioaktivität im Gestein. Ursprünglich schmolz dadurch die Erde & dichtes Eisen sank zum Kern, leichteres Gestein stieg hoch.

Unbekannt, was die Lithosphäre in Platten zerschlug. Könnte schlicht Abkühlen & Schrumpfen der Erde gewesen sein. Oder äußerer Einfluss.

Flüssiges Wasser ist nötiges Schmiermittel für die Plattenbewegung. Die wasserlose Venus hat etwa Erdgröße, aber keine Plattentektonik.

17. WARUM IST DER ERDKERN FLÜSSIG?

Das ist er nicht. Jedenfalls nicht ganz in der Mitte. Die Erde hat einen festen inneren Kern & einen flüssigen äußeren Kern.

Beide Kernteile bestehen aus Eisen & Nickel. Eisen schmilzt normalerweise bei 1536 °C. Doch der Schmelzpunkt steigt bei höherem Druck.

Im inneren Erdkern ist der Druck so hoch, dass das Eisen nicht schmilzt.

Der feste innere Kern hat einen Durchmesser von 2430 km (70% der Mondgröße). Temperatur: 5430 °C. Druck: ~350 Gigapascal (3,5 Mio. atü).

Der flüssige äußere Kern ist eine ca. 2250 km dicke Schicht. Temperatur: 4400 bis 6100 °C. Enthält wohl auch Schwefel & Sauerstoff.

Geladene Strömungen im äußeren Kern bewirken das Magnetfeld der Erde. Wäre der gesamte Kern fest, gäbe es kein Magnetfeld.

Erde ist ein Körper mit »stratifizierter« Kernstruktur: Schwere Elemente (Eisen, Nickel) sind aufgrund von Gravitation zur Mitte gesunken.

Wieso ist die Erde innen so heiß? Zwei Gründe: Restwärme der Planetenentstehung & Wärme durch den Zerfall radioaktiver Elemente.

Die Erde entstand aus kollidierenden & verschmelzenden Protoplaneten: Dabei wurden Unmengen von Wärme freigesetzt.

Die junge Erde war komplett flüssig. Dadurch konnte die Stratifizierung entstehen.

Radioaktive Elemente (Uran, Thorium, Kalium) zerfallen langsam zu leichteren Elementen. Das erzeugt auch Wärme im Erdkern & Erdmantel.

Die Erde kühlt langsam ab, weil sie Wärme ans kalte All abgibt. Aber: Große Planeten enthalten aus beiden Quellen mehr Wärme als kleine.

Zudem hat ein großer Körper relativ zum Volumen eine kleinere Wärme abgebende Oberfläche. Er kühlt also langsamer ab.

Alle geologischen Aktivitäten (Vulkane, Erdbeben, Bergaufbau) werden durch Wärme gespeist, die vom Erdinneren zur Oberfläche fließt.

18. WIESO KENNEN WIR DAS ALTER DER ERDE?

Das Alter der Erde hängt mit dem der Sonne zusammen, weil diese nicht jünger als die Erde sein kann (sonst wäre die Erde komplett gefroren).

Wie lange die Sonne schon scheint, hängt davon ab, wie viel Wärme sie ausstößt (wurde im frühen 19. Jh. gemessen), & von ihrer Energiequelle.

Im 19. Jh., dem Zeitalter der Dampfmaschine, lautete die naheliegende Frage, ob die Sonne ein riesiger Körper brennender Kohle sei.

Wie lange könnte ein sonnengroßer Kohlekörper den Wärmeausstoß der Sonne aufrechterhalten, ehe er ausgebrannt wäre? Etwa 5000 Jahre.

Das war selbst dem irischen Erzbischof Ussher zu kurz: Er datierte die Erdschöpfung per Bibel auf Sonntag, 23. Oktober 4004 v. Chr., 9 Uhr.

Geologie & Biologie sagen uns, dass die Erde mindestens Hunderte von Millionen Jahren alt sein muss. Die Gebirge brauchten Ewigkeiten, ...

... ebenso die Lebewesen, um sich aus einem gemeinsamen Vorfahren zu entwickeln. Auch die Physik hat Wichtiges zum Erdalter zu sagen.

Radioaktives Uran im Gestein zerfällt in einem bekannten Maß zu Blei, also kann das Verhältnis zwischen beiden als »Uhr« dienen. Die Erde ...

... ist Milliarden Jahre alt. 1907 datierte der US-Physiker Bertram Boltwood Felsen in Sri Lanka so auf mordsmäßige 2,2 Mrd. Jahre.

Die ältesten auf der Erde gefundenen Steine sind sogar rund 4,4 Mrd. Jahre alt. Die Erde selbst ist natürlich noch älter. Doch um wie viel?

Die besten Daten liefert die Radioaktivitätsmessung von Meteoriten – Bauschutt aus der Zeit der Geburt des Sonnensystems: 4,55 Mrd. Jahre.

Das Alter von Sonne & Erde beträgt also etwa ein Drittel von dem des Universums: Das entstand vor rund 13,7 Mrd. Jahren mit dem Urknall.

Die Sonne brennt Millionen Mal länger, als sie als Kohlekörper könnte – ihre Energiequelle muss also millionenfach konzentrierter sein.

Die millionenfach stärkere Energiequelle ist Kernkraft.
Die Sonne »fusioniert« Wasserstoff zu Helium. Das Nebenprodukt ist Sonnenlicht.

19. WAS SCHÜTZT UNS VOR DEN GEFAHREN AUS DEM WELTALL?

Das All ist ein gefährlicher Ort: ein bitterkaltes Vakuum, durchsetzt mit tödlicher Strahlung, Partikeln, Meteoriten, Killer-Asteroiden.

Die Erde ist relativ sicher vor kosmischen Gefahren – dank einer dünnen Luftschicht (unserer Atmosphäre) & eines unsichtbaren Magnetfelds.

Geladene Teilchen wie Protonen (Wasserstoffkerne) & Elektronen zischen fast mit Lichtgeschwindigkeit durchs All. Gefährlich hohe Energie!

Sie kommen von der Sonne (Sonnenwinde/-stürme), Supernovae & höchst »aktiven« Galaxien. Diese Teilchen sind die kosmische Strahlung.

Astronauten auf dem Mond oder Mars könnten an der Strahlung riesiger Sonneneruptionen oder an Hautkrebs durch kosmische Strahlung sterben.

Das Magnetfeld der Erde lenkt diese Teilchen ab, viele erreichen uns also nicht. Mond & Mars haben schwache Felder: gefährlichere Orte.

Meiste tödliche, energiereiche Strahlung (UV & Röntgen, meist von der Sonne) wird von Luftmolekülen absorbiert. Ohne dies: auch Krebsgefahr.

Die Atmosphäre bremst auch kleine Meteore ab, erhitzt sie & lässt sie verdunsten. Auf dem Mond würden Steinchen Anzüge/Basen durchlöchern.

Trotzdem gibt es kosmische Ereignisse, die das Leben auf der Erde bedrohen. Aber unwahrscheinlich, dass sie zu unseren Lebzeiten auftreten.

Wirklich gigantische Sonneneruption könnte Kraftwerke zerstören, Strom- & Kommunikationsnetze lahmlegen & globales Chaos auslösen.

Die Erde könnte von einem Asteroiden oder Kometen getroffen werden: 1-km-Objekt = zerstörter Kontinent, 10-km-Objekt = globale Katastrophe.

(Fast) gute Nachricht: Genetische Mutationen durch Strahlung oder Einschläge beschleunigen die Evolution. Ohne sie gäb es uns nicht.

20. WAS BEWIRKEN EISZEITEN?

Keiner weiß es genau. Es gibt wohl mehrere Ursachen. Die Langzeitentwicklung des Erdklimas ist uns noch ziemlich unbekannt.

Geologische Beweise für Eiszeiten wurden Anfang des 19. Jh. gefunden. Die periodische Wiederkehr wurde erst in den 1870er-Jahren eingeräumt.

In den letzten 2,5 Mrd. Jahren gab es mindestens 5 größere Eiszeiten auf der Erde. Die meisten dauern zig bis einige Hundert Mio. Jahre.

Die strengste war vor 850–630 Mio. Jahren. Fast die ganze Erde war mit Eis bedeckt. Starke Vulkantätigkeit beendete wohl die »Eisballzeit«.

Die letzte Eiszeit (Pleistozän) begann vor 2,58 Mio. Jahren. In den letzten 740000 Jahren trennten 8 Eiszeiten die Interglazialen.

Wir leben in einem Interglazial. Die Eiszeiten wiederholten sich zuerst alle 41 000 Jahre, dann alle 100000 Jahre.

Unser Interglazial (Holozän) begann vor 10000 bis 20000 Jahren.

Langfristige Temperaturverschiebungen können von Veränderungen bei der Menge an »Treibhausgasen«, die die Erde aufwärmen, ausgelöst werden.

Ein anderer Grund kann die Verschiebung der Kontinente durch Plattenbewegungen sein, was Meeresströmungen & Klima beeinflussen kann.

Im 1. Weltkrieg mutmaßte der serbische Ingenieur Milutin Milanković, langsame Veränderungen der Erdumlaufbahn könnten Eiszeiten bewirken.

Die Achsenneigung der Erde pendelt in 41 000 Jahren zwischen 22,1° & 24,5°, die Orbitstreckung ändert sich alle 100000 & 400000 Jahre.

Diese Milanković-Zyklen spielen wohl eine Rolle bei der Entstehung von Eiszeiten & Interglazialen. Unklar ist welche.

Zudem sind die Achs- & Orbitveränderungen zu gering, um größere Eiszeiten zu bewirken – schon gar nicht eine Eisballkatastrophe.

DER MOND

21. WIE GROSS UND WIE WEIT ENTFERNT IST DER MOND?

Der Mond ist unser nächster Nachbar, unser einziger natürlicher Satellit & der einzige andere Himmelskörper, auf dem Menschen standen.

Die mittlere Entfernung (von Mitte zu Mitte) zwischen Erde & Mond beträgt 384 400 km. Die Mondumlaufbahn ist kein perfekter Kreis ...

... sondern eine Ellipse. Die Entfernung zur Erde bewegt sich zwischen 362 000 km (Perigäum) & 407 000 km (Apogäum).

Im Perigäum erscheint der Mond etwas größer als durchschnittlich. Fällt der Vollmond damit zusammen, ist er auch viel heller.

Bei einer Geschwindigkeit von rund 3600 km/h benötigt der Mond 27 Tage, 7 Stunden & 43,1 Minuten für einen Erdumlauf.

Die Zeit zwischen zwei Vollmonden ist länger (29 Tage, 12 Stunden, 44 Minuten), weil sich die Erde in der Zwischenzeit um die Sonne bewegt.

Der Durchmesser des Monds (3 476 km) beträgt 27 % der Erdachse, seine Oberfläche 7,5 % der Erdfläche & sein Volumen nur 2 % der Erdgröße.

Der Mond hat Eisenkern & Gesteinsmantel, ist aber weniger dicht als die Erde: Eisenmenge kleiner & Gravitationsdruck geringer.

Der Mond besitzt 1/81 der Erdmasse & hat nur 1/6 der Gravitation der Erdoberfläche – also würde man auf dem Mond nur 1/6 wiegen.

Der Mond ist relativ zu seinem Planeten der größte Satellit & absolut der fünftgrößte im Sonnensystem (nach Ganymed, Titan, Callisto & Io).

22. WARUM FÄLLT DER MOND NICHT HERUNTER?

Das ist keine dumme Frage. Schließlich fällt jeder Ball, den man in die Luft wirft, wieder auf die Erde, angezogen von ihrer Gravitation.

Newton erklärt das Rätsel mit einem Bespiel: Eine Kanone schießt eine Kugel ab, die fliegt durch die Luft & kommt wieder herunter.

Die Kugel aus einer größeren Kanone fliegt schneller & weiter. Man stelle sich nun eine extrem große Kanone vor, aus der die Kugel …

… so schnell & weit fliegt, dass die Erdkrümmung ins Spiel kommt. Die Erde krümmt sich bereits weg, wenn die Kugel fällt.

So gelangt die Kugel nicht wieder auf die Erde, sondern in einen Orbit, in dem sie ewig fällt – in einem Kreis.

Die Geschwindigkeit, die dafür nötig ist, beträgt 27 400 km/s.

Genauso fällt der Mond ständig Richtung Erde. Doch bei seiner Entfernung reicht dafür eine Geschwindigkeit von 3 700 km/s.

Das Genie Newton erkannte, dass ein Apfel, der sich vom Baum löst, ebenso fällt wie der Mond – & leitete davon das Gravitationsgesetz ab.

Künstliche Satelliten fallen auch, wenn sie die Erde umkreisen. Sind sie nah genug, holt sie der Atmosphärenwiderstand letztlich herunter.

Um eine Erdumlaufbahn zu erreichen, ist eine enorme Geschwindigkeit nötig.

Auf einem kleinen Asteroiden mit geringer Gravitation könnte man jedoch schnell genug rennen, um in einen Orbit zu gelangen.

23. GIBT ES DIE DUNKLE SEITE DES MONDES?

Ja. Der Mond wird von der Sonne beleuchtet. Also hat er, wie die Erde, jeweils eine helle Tag- & eine dunkle Nachtseite.

Viele machen den Fehler, die erdabgewandte Mondseite als die dunkle zu bezeichnen. Doch die ist natürlich nicht immer dunkel.

Bei Neumond steht der Mond grob in Richtung der Sonne. Die erdzugewandte Seite ist dunkel, die zur Sonne gewandte Rückseite dagegen hell.

Auf der Erde sieht man nur die Vorderseite. Die Rückseite sahen wir erst, als sie die UdSSR-Raumsonde *Luna 3* im Oktober 1959 fotografierte.

Scheinbar rotiert der Mond nicht um seine Achse. Doch das tut er. Eine Umdrehung dauert exakt so lange wie ein Umlauf um die Erde.

Viele Planetenmonde weisen »synchrone Rotation« auf. Grund sind »Tidenkräfte« des Planeten, die die Rotation bremsen, bis eine Seite …

… dauerhaft dem Planeten zugewandt ist. Aber wir sehen nicht bloß die Hälfte der Mondoberfläche, sondern eher 59 % davon.

Wegen des elliptischen Orbits wechselt die Geschwindigkeit des Mondes. Doch die Rotation ist konstant. Daher scheint der Mond zu pendeln.

Hauptunterschied zwischen d. Mondhälften: Keine großen, ebenen Vulkankrater (»Meere«) auf d. Rückseite, wohl, weil die Kruste da dicker ist.

In ferner Zukunft wird der Mond die Erdrotation »bremsen«, sodass sie ihm immer dieselbe Seite zuwendet – wie Pluto & sein Mond Charon.

Das Pink-Floyd-Album ›Dark Side Of The Moon‹ schließt mit: »Es gibt gar keine dunkle Seite des Mondes. Er ist insgesamt dunkel.« Wie wahr.

24. WARUM HAT DIE MONDOBERFLÄCHE KRATER?

Im Sonnensystem befindet sich eine Menge Bauschutt aus seiner Entstehungszeit. Er hat die Form von Asteroiden & Eiskometen.

Seit Beginn des Sonnensystems befinden sich Planeten & Monde in einer Schießbude, werden von Schutt aus dem All bombardiert.

Die Mondkrater sind Einschläge. Ohne Wetter/Bodenwinde (wie auf der Erde) bleiben sie erhalten, bis sie der nächste Einschlag überlagert.

Die Mondkrater sind ein himmlisches Geschichtsbuch. Wenn wir es entziffern, können wir die Geschichte der Einschläge auf der Erde erkennen.

Die größten Einschläge gab es vor 3,8 Mrd. Jahren beim Großen Bombardement. Die Brocken durchlöcherten die Mondkruste.

Lava stieg auf, füllte die »Einschlagbecken« & schuf die dunklen *maria* (Plural von *mare*, lateinisch für Meere) des Mondes.

Das Große Bombardement kam, als Jupiter & Saturn den Asteroidengürtel störten & Körper groß wie Los Angeles in die Erdbahn schickten.

Manche Mond-Krater weisen »Strahlen« von herausgeschleudertem Material auf ...

... etwa der 93 km große Copernicus, der entstand, als ein Asteroid in der Größe von Key West vor rund 800 Mio. Jahren einschlug.

Auf der Erde wurden die meisten Krater nivelliert & ausradiert, doch einige haben bis heute überlebt.

So der 1,2 km große Barringer-Krater, der um 50000 v. Chr. von Brocken in der Größe von Reihenhausblocks geschlagen wurde.

Oder der 180 km große Chicxulub-Krater, der im Untergrund von Yucatán liegt & bis ins Meer reicht.

Der Chicxulub-Krater wurde wohl von einem 10-km-Asteroiden verursacht, der vor 65 Mio. Jahren das Aussterben der Dinosaurier bewirkte.

25. WIE BEEINFLUSST DER MOND DIE ERDE?

2 × pro Tag flutet das Meer den Strand & zieht sich wieder zurück. Diese »Tiden« werden vom Mond verursacht, wie Isaac Newton erkannte.

Entgegen gängiger Annahmen ist nicht die Gravitation des Mondes die Ursache, sondern *Unterschiede* bei seiner Gravitation sind es.

Die Mondgravitation zieht am stärksten am ihm zugewandten Meer, weniger stark am Erdmittelpunkt & am wenigsten am ihm abgewandten Meer.

Also 2-fache Meerwölbung: auf einer Seite, weil Meer von der Erde weggezogen wird, auf der anderen, weil die Erde von ihm weggezogen wird.

Weil sich die Erde in 24 Stunden einmal um ihre Achse dreht, wandern die Tidenwölbungen rundherum durch die Meere: 2 Tiden pro Tag überall.

Die Gravitation des Mondes zieht an den Tidenwölbungen: »bremst« die Erdrotation. Der Mond reagiert, indem er sich von der Erde entfernt.

Der Mond bewirkt Tiden in Gestein wie in Wasser, allerdings kleinere, weil Fels steifer ist. Sie können ev. aber Erdbeben auslösen.

Der 27-km-Ring des Large Hadron Collider bei Genf schrumpft & weitet sich 2 × pro Tag durch Mondeinflüsse auf den »Teilchenbeschleuniger«.

Die Sonne bewirkt auch Tiden in den Meeren, aber nur 1/3 so stark. Ziehen Sonne & Mond in dieselbe Richtung, sind die Tiden am größten.

Starke Flut, Wind & Trichter-Flussmündungen können »Boren« bewirken, extreme Gezeitenwellen, die viele km bestehen & surfbar sind.

Früher, als der Mond dichter zur Erde stand, waren die Tiden stärker als heute – 1000 × höher, als der neugeborene Mond 10 × näher war.

Der Mond kann auch die Sonne auslöschen. Totale Sonnenfinsternisse erschreckten die Vorfahren. Vertrieben das mondfressende Monster mit …

… Töpfeschlagen (klappte immer). SoFis veränderten sogar den Lauf der Geschichte: 585 v. Chr. tauchte eine SoFi die heutige Türkei während …

… einer Schlacht zwischen Medern & Lydern in Dunkelheit: böses Omen. Man legte die Waffen lieber nieder.

26. WAS WÄRE, WENN WIR DEN MOND NICHT HÄTTEN?

Höchstwahrscheinlich gäbe es uns nicht!

Fakt 1: Unser Mond ist ungewöhnlich groß – im Verhältnis zum Planeten weit größer als jeder andere Mond. Erde & Mond eher »Doppelplanet«.

Fakt 2: Leben auf der Erde hätte ohne ein über Mrd. von Jahren stabiles Klima nicht entstehen können. Der Mond stabilisiert das Klima.

Funktioniert so: Kippt die Erde ab (wozu rotierende Körper neigen), wechselt die Sonneneinstrahlung. Folge: katastrophale Klimaänderungen.

Doch die Gravitation des großen Mondes richtet die abkippende Erde immer wieder auf. Mars hat keinen großen Mond – & Klimakatastrophen.

Großer Mond begünstigte auch das Leben an Land: Starke Tiden ließen viel Land trockenfallen. Gestrandete Fische entwickelten Lungen & Beine.

Ein großer Mond ist auch wissenschaftsdienlich: Verdeckt er die Sonne (SoFi), werden Sterne neben der Sonnenscheibe sichtbar.

1919 zeigten diese Sterne die Lichtkrümmung durch die Sonnengravitation, was eine Kernaussage von Einsteins Gravitationstheorie bestätigte.

Isaac Asimov sagte 1972 in ›Tragedy of the Moon‹, die Wissenschaft wäre 1000 Jahre eher entstanden, hätte Venus & nicht die Erde den Mond.

Wieso? Umrundete ein sichtbarer Mond die nächtliche Venus, wäre die kirchliche Vorstellung einer geozentrischen Welt unhaltbar gewesen.

27. WIE VIELE MENSCHEN WAREN AUF DEM MOND?

Gerade 12 Menschen standen auf dem Mond. Nur 8 davon leben noch. Der jüngste ist Charles Duke (*Apollo 16*), geboren am 3. Oktober 1935.

Präsident John F. Kennedy kündigte das *Apollo*-Mondprogramm 1961 mit einer berühmten Kongressrede an: »... noch vor Ende dieses Jahrzehnts ...«

Apollo 8 & *10* flogen zum Mond, ohne zu landen. 1972 musste wegen einer Explosion auch *Apollo 13* ohne Landung auf dem Mond zurückkehren.

Apollo 11, 12, 14, 15, 16 & *17* landeten auf dem Mond: Jeweils 2 Astronauten stiegen aus, 1 blieb im Kommandomodul, das den Mond umrundete.

Apollo 11 landete am 21. Juli 1969. 1. Mann auf dem Mond: Neil Armstrong (38), 2. Buzz Aldrin (39). Blieben 2 Stunden & 24 Minuten dort.

Das Mondauto ermöglichte es den Teams, größere Entfernungen zu bewältigen: 27,8 km (*Apollo 15*), 26,6 km (*Apollo 16*), 35,9 km (*Apollo 17*).

14.12.1972: Letzter Mann a. d. Mond ist Gene Cernan (38) von *Apollo 17. Apollo 18, 19, 20* werden gestrichen – polit. Unterstützung fehlt.

Apollo-Teams brachten 382 kg Mondgestein mit. Genaue Analysen ergaben, dass der Mond wohl von der neugeborenen Erde abgetrennt wurde.

3 Astronauten flogen 2 × zum Mond: Jim Lovell (*Apollo 8/13*), John Young (*Apollo 10/16*), Gene Cernan (*Apollo 10/17*). Lovell landete nie.

Zahl der Menschen, die zum Mond flogen: 21 (mit & ohne Landung). Alle anderen Astronauten waren nur wenige 100 km von der Erde weg.

28. BLEIBEN DIE FUSSABDRÜCKE AUF DEM MOND EWIG BESTEHEN?

Nein, aber sie bleiben sehr lange erhalten!

Auf dem Mond gibt es weder Wind noch Regen, die die Abdrücke der *Apollo*-Teams auslöschen, doch einen Hagel von Mikrometeoriten aus dem All.

Mikrometeoriten, oft klein wie Sandkörner, verglühen als Sternschnuppen, wenn sie auf die Erdatmosphäre treffen. Auf dem Mond …

… sind sie unsichtbar, weil es keine Atmosphäre gibt. Ihr Hagel hat über die Mrd. Jahre eine dicke Staubschicht (Regolith) dort gebildet.

Einst fürchtete man ernsthaft, die Staubschicht sei teilweise so dick, dass Raumfahrzeuge spurlos darin versinken könnten.

Arthur C. Clark lässt 1961 in dem Roman ›Im Mondstaub versunken‹ den Mondkreuzer *Selene* samt Passagieren in einem Staubmeer untergehen.

Der unablässige Mikrometeoriten-Hagel »gräbt« den obersten Zentimeter des Mondbodens etwa alle 10 Mio. Jahre um.

Daher bleiben die Astronauten-Fußabdrücke nicht ewig erhalten. Doch sie können gut länger bestehen als die menschliche Zivilisation.

Mondstaub ist ganz anders als glatte Sandkörner am Strand. Mikro-Einschläge zerschlagen den Fels in Partikel wie winzige Schneeflocken.

Die Partikel des Mondstaubs sind wie Kletten. Sie drangen in jeden Winkel, selbst in die Raumanzüge. Es heißt, sie riechen wie Schießpulver.

29. GIBT ES WASSER AUF DEM MOND?

Die großen dunklen Bereiche auf dem Mond wurden einst für Meere gehalten. Jetzt wissen wir, dass es vulkanische Lava-Ebenen sind.

Auf der Mondoberfläche kann es kein Wasser geben, weil es ohne Atmosphäre sofort in den Weltraum verdunsten würde.

Analysen des *Apollo*-Gesteins schienen knochentrockenen Mond zu bestätigen. Winzige Wassermengen hielt man für Astronauten-Verunreinigungen.

Doch 2009 entdeckte das indische Raumschiff *Chandrayaan-1* die »Spektralsignatur« von Wasser (H_2O) oder Hydroxyl (OH) auf der Mondoberfläche.

Das wurde von anderen Raumschiffen bestätigt: *Cassini* (auf dem Weg zum Saturn) & *Deep Impact* (auf dem Weg zum Kometen Hartley).

Winzmengen Wasser: 0,1% (1 Liter pro Tonne). Wohl aus Sonnenwind (Wasserstoffkerne) plus sauerstoffreichen Mineralien gebildet.

Die Wasserstoffmoleküle sind nur locker an Mondgestein gebunden. Das Wasser wandert daher langsam vom Mondäquator zu den kälteren Polen.

Das Mondwasser sammelt sich als Eis in tiefen Kratern an den Polen, die dauerhaft im Schatten liegen. Dort ist nie Sonnenwärme zu finden.

Am 9.10.2009 ließ man das Raumfahrzeug *LCROSS* in den Pol-Krater Cabeus stürzen. Die Einschlagwolke enthielt mind. 100 kg Wasser.

Wasser auf dem Mond ist entscheidend für eine Raumstation dort – als Trinkwasser wie für die Herstellung von Raketentreibstoff.

Laut den *LCROSS*-Ergebnissen existiert das Mondwasser nicht in großen Eisplatten, sondern vermischt mit dem Mondstaub: schwerer zu gewinnen.

30. IST DER MOND EINE TOTE WELT?

Wer glaubt, der Mond sei ein toter, kalter Stein, eine mit Kratern versetzte Wüste, wo sich nichts ändert, sollte noch mal nachdenken …

Lange vor der Erfindung des Fernrohrs gab es alle paar Monate Berichte über seltsame Lichter auf dem Mond.

So haben etwa am 18. Juni 1178 fünf Mönche aus dem südostenglischen Canterbury berichtet, sie hätten eine Explosion auf dem Mond gesehen.

Geheimnisvolle Lichter auf dem Mond – als transiente Mondphänomene (TLP) bezeichnet – gehören zu den größten Rätseln, die der Mond aufgibt.

TLPs sind lokale Ereignisse, die man mit dem Fernrohr gut sehen kann. Sie sind über 1 km^2 groß & dauern 1 Minute bis mehrere Stunden.

TLPs umfassen Hellerwerden, Dunklerwerden oder Verschwimmen der Oberfläche. Manchmal wechselt gegen Ende die Farbe zu rubinrotem Glühen.

Die meisten TLPs erscheinen an 6 Stellen, vor allem in den Kratern Aristarchus (450 km Durchmesser) & Plato (100 km).

An allen 6 Stellen tritt Radon-222-Gas aus, wie von *Apollo 15 & 16* sowie *Lunar Prospector* (umrundete 1998 den Mond) festgestellt wurde.

Alle 6 Orte sind große Krater von relativ jungen Einschlägen/ liegen am Beckenrand der *Maria* vom Großen Bombardement vor 3,8 Mrd. Jahren.

Hier gab es auch mehrere Hundert der Mondbeben, die von den Seismometern registriert wurden, die 5 der *Apollo*-Missionen aufgestellt haben.

Wesentliches Merkmal der 6 Orte: Risse in der Mondkruste aufgrund von uralten Einschlägen, durch die unterirdisches Gas austreten kann.

Anscheinend baut das Gas, das sich vom Mondinnern hocharbeitet, Druck auf, ehe es als TLP durch den Mondboden bricht & ins All explodiert.

Bereits ½ t Gas könnte eine mehrere km breite Wolke bilden, die 5 bis 10 Minuten besteht & das Reflexionsvermögen der Oberfläche verändert.

Herkunft des Gases? »Tidendruck«, den die Erde ausübt, zermalmt pro Jahr eine Flugzeugladung an Mondgestein, was ~100 t Gas freisetzt.

Ein TLP am Ort einer menschlichen Landung wäre sehr gefährlich. Für *Apollo 18*, das dann gestrichen wurde, war Aristarchus geplant!

31. WANN WERDEN WIEDER MENSCHEN ZUM MOND FLIEGEN?

Das NASA-*Apollo*-Programm wurde vor 4 Dekaden beendet. Seither waren unbemannte Raumfahrzeuge dort, aber keine Menschen.

Unbemannte Fahrzeuge haben viele Vorteile: Sie können länger bleiben, größere Gebiete erkunden, mehr Daten sammeln – & sind viel billiger.

Als nächster Nachbar ist der Mond aber auch Übungsplatz für bemannte Flüge außerhalb des Orbits, Sprungbrett für Ziele wie Mars & weiter.

Präsident Bush verkündete 2004 das Constellation-Programm: Rückkehr zum Mond (2020) mit neu entwickeltem Raumfahrzeug, dann weiter zum Mars.

Ares-Lastraketen sollten *Orion*-Raumschiff & *Altair*-Mondlandefahrzeug ins All bringen. Die *Ares*-Rakete wurde 10/2009 erfolgreich getestet.

Doch Präsident Obama strich Constellation 2010: im Zeitplan zurück & Etat weit überschritten. Neuer Plan: bemannter Flug zu Asteroiden.

Also keine NASA-Pläne für die Rückkehr zum Mond. Auch die ESA hat keine bemannten Mondflüge mehr vor. Sie konzentriert sich auf den Mars.

China will wohl Menschen auf den Mond bringen. Keine offizielle Ankündigung bislang, könnte aber um 2024 geschehen. Dasselbe gilt für Japan.

2024 wären 52 Jahre vergangen, seit der letzte Mensch auf dem Mond war – nicht viel länger dauerte es vom 1. Motorflugzeug bis zum Sputnik.

Bemannte Flüge zum Mars haben die Raumfahrtagenturen seit den 1960ern immer wieder für »in 30 Jahren« versprochen. Na denn ...

32. WIE IST DER MOND ENTSTANDEN?

Lange war der Ursprung des Monds ein großes Rätsel. Kein anderer Mond ist auch nur annähernd so groß in Relation zu seinem Planeten.

Die *Apollo*-Missionen brachten entscheidende Beweise: Der Mond ähnelt dem Erdmantel. Mondgestein enthält weit weniger Wasser als Erdgestein.

Kollisionstheorie 1975 von William Hartmann u.a. vorgeschlagen: Ganz junge Erde wurde von marsgroßem Körper (Theia) getroffen.

Der schwere Eisenkern von Theia sank ins Erdinnere. Geschmolzener Mantel spritzte ins All & kreiste als Ring um Erde.

Der Ring sich abkühlenden Gesteins ballte sich zum Mond – 10 × dichter als heute, 10 × größer am Himmel, 1000 × stärkere Tiden.

Die Theorie erklärt, warum der Mond dem Erdmantel gleicht, keinen Eisenkern hat & so trocken ist (Wasser beim heftigen Aufschlag verdampft).

Könnten sich da auch kleinere Monde gebildet haben, d. später mit d. größeren kollidierten? Erklärung für dicke Kruste auf seiner Rückseite.

Problem: Um die Erde nicht zu zerstören, muss Theia beim Zusammenprall unerklärlich langsam gewesen sein.

Erklärung von Richard Gott & Ed Belbruno: Theia hatte denselben Orbit wie die Erde, so wie »trojanische« Asteroiden heute um den Jupiter.

Ob man's glaubt oder nicht – die Erde könnte einst eine Schwester gehabt haben, die hell am Nachthimmel leuchtete.

Hatte Theia einen stabilen »Lagrange-Punkt«, 60° vor/hinter der Erde, im Orbit & wurde rausgeschleudert, hätte sie sich langsam genähert.

Energieverlust durch Tidenwirkung nahm dem Mond langsam Orbit-Energie. Führte zur heutigen Position. Entfernt sich weiter um 4 cm/Jahr.

Großer Mond stabilisiert das Erdklima = Leben möglich. Schöpfung bedingt seltenes Ereignis. Außerirdisches Leben kann deshalb selten sein.

DER WELTRAUM

33. WIE IST ES IM WELTRAUM?

Im Weltraum hört niemand deinen Schrei, denn Schall ist eine Luftvibration, & im All gibt es keine Luft, die vibrieren kann.

Laserstrahlen sind unsichtbar (sorry, ›Star-Wars‹-Fans). Denn Staub in der Luft streut das Licht von einem Laserstrahl ins Auge.

Es ist unbeschreiblich kalt. Denn es gibt nur sehr, sehr wenige Atome, die uns treffen & dabei Wärme übertragen können.

Der Raum zwischen den Planeten enthält etwa 10 Atome pro cm^3 (ein gutes irdisches Vakuum 100 000 & die Luft auf Meereshöhe 30 Mrd. Mrd.).

Ohne Atome, die Wärme abtransportieren, ist Überhitzung genauso ernst zu nehmen wie Erfrieren. Raumanzüge müssen gewärmt & gekühlt werden.

Ohne Luft zum Atmen müssen Astronauten ihren eigenen Luftvorrat mitbringen; normalerweise in Flaschen wie beim Gerätetauchen.

Es gibt keinen Druck. Wir leben mit einer 50-km-Luftsäule, die auf uns drückt (2 Elefanten!) – Raumanzüge müssen unter Druck stehen.

Sähen Astronauten nicht wie Michelin-Männchen aus, würden sich Stickstoffblasen in ihrem Blut bilden (Tiefenrausch) & sie umbringen.

Man ist schwerelos. Im Orbit fällt man ständig Richtung Erde (kommt aber nie an). Im freien Fall verspürt man die Gravitation nicht.

Es besteht ständige Gefahr durch Strahlung von der Sonne & weiter weg (kosmische Strahlung). Das Erdmagnetfeld fungiert unten als Schirm.

Astronauten berichten von merkwürdigen Lichtblitzen: wohl sehr schnelle subatomare Partikel, die durch Flüssigkeit im Augapfel schießen.

Strahlengefahr wird als Hauptgegner bemannter Raumerkundung gesehen. Astronauten sind ihr beim Flug zum Mars 6 Monate lang ausgesetzt.

Wird allmählich klar, dass Menschen nicht für das Leben im All geschaffen sind?!

34. WIE KANN EINE RAKETE IM ALL FUNKTIONIEREN, WENN ES NICHTS GIBT, DAS GEGENDRUCK ERZEUGT?

Fakt: Laut Newtons 3. Gesetz der Bewegung ruft jede Aktion eine gleich große Reaktion hervor, die entgegengesetzt wirkt.

Eindeutig, wenn man rennt. Die Füße drücken nach hinten auf den Boden (Aktion) & der Boden drückt uns nach vorn (Reaktion).

Doch entgegen der Erwartung muss man nicht gegen etwas Äußeres drücken, um diese Reaktion zu erreichen.

Stellen Sie sich vor, Sie sitzen auf einem Schlitten auf einer absolut glatten (reibungsfreien) Eisfläche. Wie erreichen Sie den Rand?

Es liegen Backsteine auf dem Schlitten. Sie werfen sie einzeln los. Wenn Sie sie wegdrücken, drücken sie zurück: Der Schlitten bewegt sich.

Das ist das Raketenprinzip. Gase treten mit hohem Tempo hinten aus. Die Rakete reagiert mit einer Vorwärtsbewegung. Aktion & Reaktion.

Die Rakete stößt »Reaktionsmasse« aus, wird dadurch leichter & der Ausstoß wird noch effektiver für den Vortrieb der Rakete.

Diesen Effekt hat der taube russische Lehrer Konstantin Ziolkowski 1903 in der »Raketengrundgleichung« beschrieben.

Problem: Auch der stärkste Treibstoff liefert zu wenig Schwung, um sein Eigengewicht plus das einer Rakete in den Erdorbit zu hieven.

Ziolkowskis Lösung: mehrstufige Raketen. Man wirft Raketenteile ab, wenn man höher ist: Leichtere Rakete kann besser in den Orbit steigen.

So, als führe man mit dem Auto in die Stadt & käme nur mit 4 Rädern & Steuerrad zurück. Das Auto müsste für jede Fahrt neu gebaut werden.

Die NASA warf eine Menge Space-Shuttle-Teile weg & musste sie jeweils ersetzen. Kosten pro Start deshalb 500 Mio. $.

Im All selbst ist eine hohe Geschwindigkeit des Gasausstoßes wesentlich für die Raketeneffizienz, um nötige Treibstoffmenge zu verringern.

Die derzeitigen »chemischen« Treibstoffe sind ineffizient. Die beste Rakete ist die, die die Materie-Antimaterie-Annihilation nutzt.

Sie bewirkt den stärksten Schub bei einer gegebenen Masse, & das Gewicht des mitzuführenden Treibstoffs wäre kleinstmöglich.

DIE SONNE

35. WAS FÜR EINE OBERFLÄCHE HAT DIE SONNE?

Die Sonne ist ein riesiger glühender Gasball, hat also keine feste Oberfläche wie die Erde. Trotzdem scheint sie eine zu haben. Wieso?

Die Oberfläche oder Photosphäre ist dort, wo es leichter wird für das Sonnenlicht, das sich aus dem Sonneninneren herausgekämpft hat.

Stellen Sie sich eine belebte Straße vor. Sie kommen langsam voran, müssen Hindernissen (anderen Leuten) im Zickzack ausweichen.

Auch das Licht, das aus der Sonne heraustritt, kann sich nicht in einer geraden Linie bewegen.

Ein Photon (Lichtpartikel) vom Kern der Sonne wird bereits nach 1 cm von einem Hindernis (Elektron) in eine andere Richtung gestreut.

In gerader Linie würde das Photon nur 2 Sekunden vom Kern bis zur Außenseite benötigen. Doch der Zickzackkurs dauert 30000 Jahre!

Unser heutiges Sonnenlicht ist also 30000 Jahre alt. Es entstand auf dem Höhepunkt der letzten Eiszeit.

Wenn das Nuklearfeuer, das das Sonnenlicht generiert, vor 29000 Jahren erloschen ist, würden wir das erst in 1000 Jahren merken.

Stimmt nicht ganz. Es würde 1 Mio. Jahre dauern, bis die Sonne ihre gespeicherte Wärme verloren hätte. Somit sind wir eine Weile sicher.

Nach 30000 Jahren treten die Photonen aus der Sonnenoberfläche heraus & fliegen mit 300000 km/s in gerader Linie zur Erde.

Für diese 150 Mio. km brauchen sie nur 8,3 Minuten (würde die Sonne plötzlich verschwinden, würden wir das erst nach 8,3 Minuten sehen).

Als Photosphäre der Sonne ist der Bereich definiert, wo die Photonen vom Zickzackkurs in gerade Linie übergehen, »zu fliegen beginnen«.

Die Photosphäre ist keine feste Oberfläche, aber scharf genug abgegrenzt, sodass die Sonne (durch Sicherheitsfilter) als Scheibe erscheint.

36. WARUM IST DIE SONNE HEISS?

Einfacher Grund: Sie hat viel Masse. Die ungeheure Menge, die aufgrund der Gravitation auf den Kern drückt, quetscht die Materie dort.

Gas, das zusammengedrückt wird, wird heiß, wie man von Luftpumpen weiß. Das Gas im Sonnenkern wird auf ~15 Mio. °C gedrückt.

Bei so hohen Temperaturen schmilzt Materie & nimmt den Plasmazustand ein. Jedwede Materie verhält sich so.

Die Sonne besteht aus Mrd. Mrd. Mrd. Tonnen Gas, meist Wasserstoff. Aber 1 Mrd. Mrd. Mrd. Bananen am selben Fleck wären genauso heiß.

Fakt: Die Temperatur der Sonne hängt von der MENGE an Materie ab, nicht von der Zusammensetzung (die wirkt sich nur auf Wärmerückhalt aus).

Materie, die auf den Kern der Sonne drückt, erklärt nur, warum die Sonne in diesem Moment so heiß ist, nicht, warum sie es bleibt.

Die Sonne gibt ständig Wärme an das All ab, wird aber nicht kälter. Etwas muss die Wärme genauso schnell ersetzen, wie sie verloren geht.

Kernenergie. Die Sonne verschmilzt Kerne des leichtesten Elements, Wasserstoff, zum nächstleichten: Helium. Nebenprodukt: Sonnenlicht.

Um die Ineffizienz der Sonne zu zeigen: Im Vergleich zur Sonne entwickelt der menschliche Magen mehr Wärme.

Doch die Ineffizienz der Sonne wird wettgemacht, weil sie eine schreckliche Menge magengroßer Batzen besitzt.

Wir sollten dankbar sein. Weil die Fusion der Sonne so langsam ist, dauert es 10 Mrd. Jahre, bis ihr Brennstoff aufgebraucht ist.

Das lässt genug Zeit für die Evolution intelligenten Lebens – wie auf der Erde.

37. WIE IST ES IM INNEREN DER SONNE?

Die Sonne ist ein Gasball mit einem Durchmesser von 1,4 Mrd. km & besteht überwiegend aus Wasserstoff (75 %) & Helium (24 %).

Richtung Mitte nehmen Dichte & Temperatur enorm zu.

Keine neutralen Atome. Atomkerne (positiv geladen) ohne Elektronen (negativ). Das Gas aus geladenen Partikeln bezeichnet man als Plasma.

Temperatur im Kern: 15,7 Mrd. °C, Dichte: 160-fache von Wasser. Heiß & dicht genug, um die Kernfusion auszulösen, die Sonnenlicht bringt.

Durchmesser des Kerns: 350 000 km (25 % der Sonne, 27-fache der ganzen Erde). Darin entstehen 99 % der Sonnenenergie (275 W/m^3 innen).

Den Kern umgibt eine 315 000 km dicke »Strahlungszone«. Temperatur fällt von 7 auf 2 Mio. °C. Energie wird per Strahlung (Licht) abgegeben.

Kern & Strahlungszone rotieren wie feste Körper – überall im selben Maß. Doch der Kern dreht sich wohl etwas schneller.

Der 210 000 km dicke Außenbereich wird als Konvektionszone bezeichnet. Heißes Plasma steigt auf, stößt Energie aus, kälteres sinkt.

Das Rotationsmaß der Konvektionszone variiert mit Stärke & Breite (schneller am Äquator, langsamer an den Polen): differenzielle Rotation.

Zudem transportieren meridionale Ströme u. d. der Oberfläche (Feuerflüsse) Plasma vom Äquator zu den Polen (etwas höher) & zurück (tiefer).

Magnetfelder werden von Plasmabewegungen fortgetragen, gestreckt & verdreht. So eingepferchte Magnetfelder führen zu Sonneneruptionen etc.

38. WAS SIND SONNENFLECKEN?

Sonnenflecken sind kurzlebige dunkle Stellen auf der hellen Oberfläche. Dunkler sind sie, weil sie viel kälter als ihre Umgebung sind.

Die größten Sonnenflecken haben einen Durchmesser von 80000 km (6-fache der Erde). Oft erscheinen sie in Gruppen & bestehen wochenlang.

Große Flecken sind bei Sonnenauf- oder -untergang mit bloßem Auge zu sehen: Berichte von chinesischen Astronomen & europäischen Mönchen.

Der deutsche Amateur Johannes Fabricius hat im Juni 1611 als Erster die Beobachtung durch ein Fernrohr beschrieben – kurz vor Galilei.

Die Beobachtung von Sonnenflecken erbrachte, dass sich die Sonne in 25 Tagen 1 × um ihre Achse dreht. Aber sie selbst blieben rätselhaft.

Temperatur der Sonnenflecken: 3000 bis 4000 °C. Die der Oberfläche: 5500 °C. Sonnenflecken liegen ~1000 km tiefer als ihre Umgebung.

Ursache ist ein starkes lokales Magnetfeld, das die Konvektion stoppt. Ohne aufsteigendes heißes Plasma kühlt die Oberfläche ab & sinkt.

Große Sonnenflecken haben einen dunklen Kernbereich, die Umbra, & einen helleren Randbereich oder Hof, die Penumbra.

Zahl der Sonnenflecken (f) & Gruppen (g) – f + 10g, als Wolf'sche Relativzahl bezeichnet – gilt als Maß für die Sonnenaktivität.

Oft erscheinen nahe Sonnenfleckengruppen (aktive Gebiete) leuchtende »Fackeln« & weitere Sonneneruptionen (alles magnetische Phänomene).

Andere rotierende Sterne – Sonnen & besonders Rote Zwerge – zeigen periodische Helligkeitsänderungen: verrät Existenz von »Sternflecken«.

39. WAS IST DER SONNENFLECKENZYKLUS?

S. H. Schwabe hielt Ausschau nach potenziellem Planeten diesseits des Merkur-Orbits, den er als dunklen Fleck vor der Sonne zu sehen hoffte.

Entdeckt hat er stattdessen langsame Veränderung der Sonnenfleckenzahl. 1828/29 täglich Sonnenflecken, 1833 aber 139 Tage ohne.

Dasselbe Muster in der nächsten Dekade. 1843 veröffentlichte Schwabe die Theorie, dass Sonnenflecken einen 10-Jahres-Zyklus haben.

Die Auswertung von Beobachtungen bis zurück in Galileis Zeit bestätigte dies. Später wurde der Zyklus auf knapp 11 Jahre korrigiert.

Ab 1755 sind die Sonnenfleckenzyklen nummeriert. Unser derzeitiger Zyklus ist Nummer 24.

Ein Zyklus beginnt mit wenigen kleinen Flecken in höheren Breiten. Dichter am Äquator folgen aktivere Regionen mit Eruptionen & Flecken.

Während des »Sonnenmaximums« emittiert die Sonne etwas mehr Energie (trotz der größeren Zahl dunkler Flecken), bes. UV- & Röntgenstrahlen.

Der Fleckenzyklus hängt wohl mit magnetisierten Plasmaströmen unter der Oberfläche & dem regelmäßigen Aufbau von Magnetenergie zusammen.

Vieles bleibt rätselhaft. 1893 entdeckte der schottische Astronom Edward Maunder, dass die Sonnenaktivität 1645–1715 ungewöhnlich niedrig war.

Der Grund für dieses Maunderminimum ist unbekannt. Baumringanalysen zeigen ein ähnlich langes Minimum 1420–1550. Kann jederzeit auftreten.

Im 20. Jh. war die Sonne ungewöhnlich aktiv, zeigte starke Maxima. Doch das Minimum des letzten, 23., Zyklus war sehr lang & niedrig.

Das Maximum unseres 24. Zyklus wird für den Sommer 2013 erwartet. Angesichts des langsamen Beginns & Anstiegs wird es wohl schwach sein.

40. WAS IST SONNENWIND?

Die Sonne bläst geladene Partikel ins All, vor allem Protonen (+) & Elektronen (-). Diesen Millionen-km/h-Sturm nennt man Sonnenwind.

Existenz wurde von Richard Carrington 1859 vermutet, Theorie 1958 von Eugene Parker veröffentlicht. Bestätigt durch *Lunik 1* (UdSSR, 1959).

Durch den Sonnenwind verliert die Sonne Masse: 1,8 Mio. t/s oder 1 Erdmasse in 150 Mio. Jahren. Winzmenge im Vergleich zur Sonnenmasse.

Der Sonnenwind stammt aus der Korona (lat. für »Krone«), der extrem heißen (1 bis 3 Mio. °C) äußeren »Atmosphäre« der Sonne.

Die Korona leuchtet Millionen Mal schwächer als die Sonnenoberfläche & ist nur mit Spezialgerät (Koronograf) oder bei totaler SoFi sichtbar.

Hohe Korona-Temperatur wohl durch Stoßwellen, Genaueres ist unbekannt. Ergebnis: Partikel sind so schnell, dass sie Gravitation entkommen.

2 Komponenten: langsamer Sonnenwind (400 km/s, 1,5 Mio. °C) a. d. Korona & schneller Sonnenwind (750 km/s, 0,8 Mio. °C) v. d. Oberfläche.

Der schnelle Sonnenwind wird meist von Magnetfeldenergie durch »koronale Löcher« beschleunigt: Bereiche, wo Magnetlinien ins All reichen.

Eruptionen auf der Sonne bewirken auch »koronale Massenauswürfe«: riesige Plasmawolken, die als magnetische Stürme ins All geblasen werden.

Sonnenwind & magnetische Stürme, die zur Erde gelangen, stören Erdmagnetfeld. Folge: spektakuläre Polarlichter, aber ev. auch Stromausfälle.

Der Sonnenwind bläst eine 3 Mrd. km große Blase in den interplanetaren Raum. In dieser »Heliosphäre« dominiert das Magnetfeld der Sonne.

Den Rand der Heliosphäre/Übergang zum interstellaren Raum haben die 1977 gestarteten *Voyager*-Raumsonden jetzt erreicht. Ziel: die Sterne.

41. WIE GEFÄHRLICH SIND SONNENERUPTIONEN/FLARES?

Eine starke Sonneneruption kann die Stromversorgung zerstören, uns ins Dampfzeitalter zurückwerfen. Zum Glück sind Super-Flares sehr selten.

Erste je beobachtete Flare & stärkste verzeichnete: 1. September 1859 (Richard Carrington, London). Legte Telegrafensystem lahm!

Flares sind energetische Eruptionen auf der Sonnenoberfläche, die von Magnetfeldenergie gespeist werden. Häufiger beim Sonnenmaximum.

Die bei einer starken Flare freigesetzte Gesamtenergie könnte gut ein Millionenfaches des jährlichen Stromverbrauchs auf der Erde betragen.

Flares produzieren Röntgenstrahlen. Können Raumschiff-Elektronik stören & Astronauten schädigen, die sich außerhalb der Atmosphäre befinden.

Flares verkürzen die Lebensdauer von künstlichen Satelliten, weil sie die obere Atmosphäre aufheizen/ausdehnen & Körper im Orbit belasten.

Astronauten außerhalb des schützenden Erdmagnetfelds sind auch durch Flare-Protonen gefährdet, die fast mit Lichtgeschwindigkeit auftreffen.

Mit Flares gehen oft die langsameren koronalen Massenauswürfe einher. Ihre Partikel erreichen die Erde meist einige Tage später.

Geladene Teilchen, die das Magnetfeld der Erde durchdringen, können »geomagnetische Stürme« bewirken & vor allem tolle Polarlichter.

Viel schlimmer aber: Flares stören GPS-Signale & Funkverkehr. Induktionsströme können Strom- & Computernetze ausfallen lassen.

Verwundbare Technik: Zielt eine Flare wie die von 1859 Richtung Erde, kann sie uns für Wochen/Monate totale nächtliche Finsternis bescheren.

Solch ein Stromausfall würde Kommunikation, Kraftstoff- & Lebensmittelnachschub, Gesundheitswesen, globale Wirtschaft unterbrechen.

Die Zahl der Toten durch Hunger & Epidemien wäre riesig!

Gegenmittel? Flare-Warnsystem draußen im All. Strom- & Computernetze könnten dann bewusst abgeschaltet werden, um sie zu schützen.

42. WIRD DAS KLIMA DER ERDE VON DER SONNE BEEINFLUSST?

Das Erdklima wird von der Sonnenenergie gespeist. Winzige Veränderungen bei ihrem Ausstoß wirken sich dramatisch auf Wetter & Klima aus.

Seit ihrer Entstehung wird die Sonne, wie alle Sterne, konstant heller & heißer. In ferner Zukunft wird es auf der Erde zu heiß für Leben.

Kurzfristig sind die Auswirkungen weniger deutlich. Beim Sonnenmaximum wird jedoch ein erhöhter Energieausstoß gemessen (um 0,1%).

Die Reaktion des Erdklimas hierauf ist wohl zu langsam, um bedeutend zu sein, denn der Sonnenzyklus dauert im Schnitt nur 11 Jahre.

Doch das Maunderminimum, die Zeit niedriger Sonnenaktivität 1645–1715, fiel mit der Kleinen Eiszeit zusammen. In Europa war es 1 °C kälter.

Die überdurchschnittlich hohe Sonnenaktivität im 20. Jh. kann zur globalen Erwärmung beigetragen haben. Doch das ist sehr kontrovers.

Neben direkten Einflüssen (Strahleneinfall) kann niedrige Sonnenaktivität die Erde durch die Begünstigung von Wolkenbildung abkühlen.

Theorie: Beim Minimum ist der Sonnenwind schwächer & mehr energetische Strahlung aus dem äußeren All kann in die Erdatmosphäre dringen.

Kosmische Strahlen lösen Elektronen von Atomen in der Luft. Die resultierenden Ionen werden zu »Kondensationskernen« für die Wolkenbildung.

Wiss. Konsens: Globale Erwärmung hauptsächlich durch fossile Brennstoffe verursacht. Die Sonne kann eine – unklare – Nebenrolle spielen.

Lange Zeiten hoher od. niedriger Sonnenaktivität beeinflussen mit an Sicherheit grenzender Wahrscheinlichkeit das Klima auf der Erde.

Ein neues Maunderminimum würde die globale Erwärmung für eine Weile aufhalten. Auf lange Sicht ...

... wird die Erde einen galoppierenden Treibhauseffekt erleben – so wie die Venus. Die Meere werden verkochen, der Planet wird gebraten.

43. WIRD DIE SONNE EWIG BESTEHEN?

Nichts währt ewig, heißt es richtigerweise & gilt für die Sonne ebenso wie für alles andere in der Welt.

Pro Sekunde wandelt die Sonne etwa 4 Mio. Tonnen Wasserstoff in Helium um. Doch eines Tages geht der Wasserstoffvorrat zu Ende.

Wenn Wasserstoff zu Helium »verbrennt«, fällt »Heliumasche« in den Sonnenkern. In ~5 Mrd. Jahren ist dort kein Wasserstoff mehr vorhanden.

Da die Sonne 4,55 Mrd. Jahre alt ist, hat sie etwa die halbe Zeit ihrer konstanten Wasserstoffverbrennung oder »Hauptreihe« zurückgelegt.

Die Akkumulation von Heliumasche lässt den Kern der Sonne dichter & wärmer werden, weil Helium schwerer als Wasserstoff ist.

Daher wird die Sonne heißer, wenn sie Wärme verliert! Sie ist bereits um 30% heller als bei ihrer Entstehung.

Wieso ist die neugeborene Erde nicht zu Eis erstarrt? Wahrscheinlich haben Treibhausgase den Planeten warm gehalten.

Künftig wird der Kern der Sonne immer dichter & heißer. Wärme, die zusätzlich austritt, bläht die Hülle auf, schafft einen »Roten Riesen«.

Ein Roter Riese ist kalt wie Glutasche, kann aber wegen der enormen Oberfläche 10000 × so viel Wärme wie die Sonne abstrahlen.

Die Erde wird gebraten, verkohlt zu schwarzer Schlacke. Aber wird sie von der aufgeblähten Sonne verschlungen? Das ist unklar.

Rote Riesen blasen ihre äußeren Schichten ins All. Somit wird die Sonne Masse verlieren & ihre Gravitation nimmt ab. & die Erde ...

... bewegt sich weg: Die Sonne wird zwar irgendwann so groß, dass sie über den Erdorbit reicht, aber die Erde wird dann nicht mehr dort sein!

In der Phase als Roter Riese wird die Sonne ihre Wärme im Übermaß abgeben, dann kühlt sie ab & schrumpft zum superdichten »Weißen Zwerg«.

Der Weiße Zwerg hat etwa die Größe der Erde. Aber ein würfelzuckergroßes Stück seiner Materie würde einen Mittelklassewagen aufwiegen.

Er ist stellare Glut, die abkühlt & unsichtbar wird. Die Sonne wird nicht mit einem Knall sondern mit einem Wimmern enden.

DAS SONNENSYSTEM

44. WIE IST DAS SONNENSYSTEM ENTSTANDEN?

Am Anfang war da eine kalte (–260 °C), dunkle interstellare Gas- & Staubwolke, ein Tintenfleck vor den Sternen im Hintergrund.

Die hätte auf ewig da hängen können, wenn kein Anstoß erfolgt wäre – ev. durch die Druckwelle eines explodierenden Sterns (Supernova).

Vor rund 4,55 Mrd. Jahren brachte die eigene Gravitation die Wolke zum Schrumpfen, ihr Gas wurde immer stärker zusammengepresst.

Wird Gas zusammengepresst, erwärmt es sich. Die nach außen gerichtete Kraft durch das Erwärmen hätte das Schrumpfen rasch stoppen müssen.

Aber Wasserstoffmoleküle, Kohlenmonoxid etc. strahlten Wärme als Licht (Mikrowellen) ab, das der Wolke entfloh & ihr die Fähigkeit nahm, ...

... der Gravitation entgegenzuwirken. Erst rotierte die Wolke langsam (weil sich die Milchstraße langsam dreht). Mit dem Schrumpfen ...

... wurde sie dann schneller (wie Eisläufer, der Arme an den Körper legt). Um die Pole schrumpfte die Wolke schneller als in der Mitte, ...

... wo die nach außen gerichtete »Zentrifugalkraft« der Gravitation entgegenwirkte. Aus der Wolke wurde ein flacher, rotierender Pfannkuchen.

Im Zentrum erhitzte sich das komprimierte Gas auf Mio. °C. Die Kernreaktionen, die Sonnenlicht schaffen, setzten ein. Die Sonne war geboren.

In der Schuttscheibe, die um die junge Sonne wirbelte, ballten sich Staubkörner immer weiter zusammen, bis zu km-großen »Planetesimalen«.

In den letzten, hitzigen Phasen der Entstehung des Sonnensystems kollidierten die Planetesimale wiederholt.

Bei den Zusammenstößen bildeten sich allmählich die Planeten, darunter die Erde. In Simulationen formen sich oft 10 Körper mit Erdmasse.

Diese Schwestern der Erde wurden bei Kollisionen mit jungen Riesenplaneten in den interstellaren Raum geschleudert.

Das Sonnensystem entstand nicht allein. Überall in der weitläufigen Kinderstube »Riesenmolekülwolke« wurden Sterne & Planeten geboren.

Supernova-Explosionen benachbarter Sterne schüttelten das junge Sonnensystem durch. Nuklearer Supernova-Schutt findet sich in Meteoriten.

45. WAS IST EIN PLANET?

Der Begriff Planet kommt vom griechischen *planētēs*, umherschweifen. Planeten sind Himmelskörper, die sich gegenüber den Sternen bewegen.

In der Antike kannte man 7 Planeten: Sonne, Mond, Merkur, Venus, Mars, Jupiter & Saturn. Die Erde galt nicht als Planet.

Im »heliozentrischen« Weltbild des Nikolaus Kopernikus (1543) umkreisen Planeten die Sonne: Merkur, Venus, Erde, Mars, Jupiter, Saturn.

Unterschied Stern/Planet: Stern = groß & heiß, emittiert Licht und Wärme. Planet = klein & kalt, erhält Licht und Wärme von Stern.

Unterschied am Nachthimmel: Planeten erscheinen meist heller, blinken nicht so stark wie Sterne, verändern langsam ihre Position.

Nicht jeder Körper, der um die Sonne kreist, gilt als Planet. Wichtige Ausnahmen sind Kometen & Asteroiden (oder Kleinplaneten).

Mit der Entdeckung vieler plutoähnlicher vereister Körper im »Kuipergürtel« jenseits der Neptunbahn wurde neue Definition nötig.

3 Merkmale: 1) Muss um Sonne kreisen. 2) Muss Kugelform aufgrund von Eigengravitation haben. 3) Muss seine Bahn von Schutt bereinigt haben.

Nur 8 Körper im Sonnensystem erfüllen diese Kriterien: Merkur, Venus, Erde, Mars, Jupiter, Saturn, Uranus & Neptun.

Ein paar erfüllen 1 & 2, aber nicht 3. Diese Objekte, vor allem der Asteroid Ceres & Kuipergürtel-Objekt Pluto heißen nun Zwergplaneten.

4. Kriterium könnte sein: Planeten dürfen nicht mehr als ~14 Jupitermassen haben. Größere Objekte sind Braune Zwerge mit etwas Kernfusion.

Mögliches 5. Kriterium: Planeten müssen sich durch Zusammenballen von Materie in der Schuttscheibe bilden, die um einen neuen Stern wirbelt.

Unser Sonnensystem kennt nur 8 Planeten, andere Sterne umkreisen über 500 »Exoplaneten«.

46. WARUM SIND PLANETEN RUND?

Die Gravitation ist eine universelle Anziehungskraft zwischen allen Massen: Jeder Körper versucht, jeden anderen Körper anzuziehen.

Kann das Material fließen, formt die Masse eine Kugel: Darin befindet sich jeder vorhandene Körper so dicht wie möglich an jedem anderen.

Riesenplaneten wie Jupiter & Saturn bestehen aus Gas (und Flüssigkeit tief innen, wo das Gas komprimiert ist), das fließt. Daher rund.

Jupiter & Saturn sind rund, beulen sich aber in der Mitte aus. Weil sie sich schnell drehen, wird Gas am Äquator herausgeschleudert.

Gesteins- & Eiskörper sind anders. Sind sie klein, ist die Gravitation zu gering, um das Innere flüssig zu pressen: also Kartoffelform.

Je größer ein Körper, desto stärker seine Gravitation, die das Material zusammenzieht & presst. Ab einer gewissen Größe ...

... ist die Gravitation stark genug, um den Kern zu verflüssigen. Schwelle bei Gesteinskörpern: ~400 km Durchmesser, bei Eiskörpern: ~600 km.

Folglich sind im Sonnensystem alle Gesteinskörper mit mehr als 400 km Durchmesser & alle Eiskörper über 600 km rund.

Letztlich Kampf von Gravitation, die Materie zermalmt, & elektromagnetischer Kraft, die Materie versteift, sodass sie sich Gravitation ...

... widersetzen kann. Die EM-Kraft, mit der sich Elektronen benachbarter Atome abstoßen, ist über 1000 Billionen Billionen × stärker als ...

... die Gravitation. Es braucht also eine Riesenmenge zusammengeballter Atome – einen astronomischen Körper –, damit die Gravitation gewinnt.

Doch ist genügend Masse vorhanden, ist die Gravitation überwältigend & unüberwindbar. Resultat: schwarzes Loch. Andere Geschichte!

47. WELCHER IST DER KLEINSTE PLANET?

Der kleinste Planet in unserem Sonnensystem ist Merkur. Mit einem Durchmesser von knapp 4880 km ist er nur 40% größer als unser Mond.

Merkur hält mehrere Rekorde: kleinster, innerster, schnellster, dichtester P., größtes Temperaturspektrum, elliptischste & geneigteste Bahn.

Wegen seiner Sonnennähe (58 Mio. km) ist Merkur nur in der Dämmerung am Horizont zu sehen, wenn keine Gebäude oder Bäume im Weg sind.

Die Beobachtung von Oberflächenmerkmalen per Teleskop legte nahe, dass Merkur eine Seite permanent der Sonne zuwendet.

Doch Radaruntersuchungen in den 1960ern zeigten, dass Merkur in 59 Tagen eine Umdrehung macht, während sein Sonnenumlauf 88 Tage dauert.

Wie der Mond hat Merkur zahllose Einschlagkrater. Einst besaß er aktive Vulkane, aber die sind vor mehreren Mrd. Jahren erloschen.

Wegen seiner hohen Temperatur & seiner schwachen Gravitation (37 % von der der Erde), hat Merkur keine Atmosphäre.

Seine Temperaturen belaufen sich auf +450 °C am Tag & –185 °C bei Nacht. Bemerkenswert sind Hinweise auf Eis.

Die Achse von Merkur ist nicht geneigt. Das bedeutet, dass der Boden tiefer Krater an den Polen permanent im Schatten liegt.

Der Eisen-Nickel-Kern des Merkur ist relativ groß. Ist er partiell geschmolzen & zirkulieren Ströme, erklärt dies ev. das Magnetfeld.

Der Eisenkern kann groß sein, weil Merkur einst vielleicht viel größer war & Großteil des Gesteinsmantels bei einem Einschlag verlor.

1. Raumsonde am Merkur war *Mariner 10*: Kartierte Hälfte des Planeten bei 3 Vorbeiflügen 1974/75. Viele Krater sind nach Künstlern benannt.

Im März 2011 erreichte die NASA-Sonde *Messenger* den Orbit: Untersucht Oberflächenzusammensetzung, Magnetfeld & innere Struktur.

48. WARUM IST DIE VENUS DER ORT, DER DER HÖLLE AM NÄCHSTEN KOMMT?

Nach Sonne & Mond ist Venus das hellste Objekt an unserem Himmel. Ihrem schönen Anblick verdankt sie den Namen der römischen Liebesgöttin.

Mit 108 Mio. km ist sie der Sonne näher als die Erde & nur nach Sonnenuntergang (Abendstern) oder vor Sonnenaufgang (Morgenstern) zu sehen.

Mit 12 100 km Durchmesser ist sie etwas kleiner als die Erde. Die innere Struktur – Eisenkern, Gesteinsmantel – ist wohl sehr ähnlich.

Offenbar hat sie keine Platten, die sich bewegen. Aber die Oberfläche ist jung, Ergebnis von Vulkantätigkeit & anderen geolog. Umbrüchen.

Die Venus rotiert rückwärts, als würde sie auf dem Kopf stehen. Ihr Tag (243 Erdtage) ist länger als ihr Jahr (225 Tage). Grund unbekannt.

Super-hohe Oberflächentemperatur von 500 °C wurde 1962 von *Mariner 2* (1. interplanetar. Sonde) festgestellt. Grund: starker Treibhauseffekt.

Dichte Atmosphäre (vor allem CO_2): Oberflächendruck 90 × der der Erde. Boden durch dichte Wolken verborgen, die Schwefelsäure enthalten.

Mit Temperaturen, bei denen Blei flüssig ist, einem Druck, der zermalmt, Säurewolken & violetten Blitzen ist Venus eine wahre Hölle.

In den 1970ern landeten UdSSR-*Venera*-Sonden per Fallschirm & fotografierten die Oberfläche. Unwirtliches Klima zerstörte sie schnell.

1990–1994 umrundeten sie NASA-*Magellan*-Sonden & kartierten Oberfläche per Radar durch die Wolken. »Sahen« wellige Ebenen, Vulkane, Krater.

Seit April 2006 ist die europ. Sonde *Venus Express* im Orbit, erforscht Atmosphäre & Klima & sucht mit Wärmesensoren nach aktiven Vulkanen.

Alle Bereiche sind nach Frauen benannt, nur die Maxwell Mountains nach dem schottischen 19.-Jh.-Wissenschaftler, der den Radar ermöglichte.

49. WARUM IST DER MARS ROT?

Mars wurde wegen seiner auffälligen roten Farbe nach dem römischen Kriegsgott benannt. Er umrundet die Sonne in 1,88 Jahren.

Entfernung zur Sonne: 228 Mio. km. Äußerer Erdnachbar. Wenn die Erde ihn überholt (alle 26 Monate), ist er die ganze Nacht sichtbar.

Im Fernrohr ähnelt er der Erde: dunkle Muster auf der Oberfläche, Polkappen, geneigte Rotationsachse, 24,6 Stunden langer Tag.

Hauptunterschied: viel kleiner (Durchmesser 6794 km), Gravitation auf Oberfläche nur 38 % der der Erde, sehr dünne Atmosphäre (primär CO_2).

Während Merkur & Venus keine natürlichen Satelliten haben & die Erde 1 hat, hat Mars 2: Phobos (27 km) & Deimos (15 km), entdeckt 1877.

1972 kartierte *Mariner 9* den Mars vom Orbit aus & entdeckte riesige Grabensysteme, Vulkane, trockene Stromtäler, Abflussgräben, Sandfelder.

Valles Marineris (4000 km lang, 6 km tief): größter Graben im Sonnensystem. Olympus Mons (25 km hoch, 500 km Durchmesser): höchster Berg.

Oberflächentemperatur zwischen +10 & –80 °C. Überwiegend Felswüste, kalt & arid, gepeitscht von globalen Sandstürmen.

Die rote Farbe stammt von Rost (Eisenoxid). Die ersten Farbaufnahmen der Oberfläche machten 2 *Viking*-Sonden, die 1976 landeten.

Viele Sonden haben den Roten Planeten untersucht. Einige arbeiten noch: *Mars Reconnaissance, Mars Odyssey* (beide NASA), *Mars Express* (ESA).

Dazu Marsmobile: *Spirit & Opportunity* landeten Anfang 2004. *Opportunity* ist noch aktiv. Fanden Beweise für einstige Flüsse & Meere.

Menschen auf dem Mars: ferner Traum. Bescheideneres Ziel: Marsgestein zur Erde zu bringen, um nach fossilen Mikroorganismen zu fahnden.

Am 6.8.2012 landete das Marsmobil *Curiosity* auf dem Mars, sammelt Gestein & liefert gestochen scharfe Fotos & Videos.

Daneben untersucht *Curiosity* die Marsoberfläche nach Grundbausteinen des Lebens.

50. WARUM SIND VENUS, ERDE UND MARS SO UNTERSCHIEDLICH?

Venus ist dichter an der Sonne als die Erde, Mars weiter weg & kleiner. Aber geologisch sind die 3 Planeten nicht allzu unähnlich.

Kurz nach der Entstehung hatten wohl alle ein mildes Klima, Wasser auf der Oberfläche, eine zieml. dichte Atmosphäre mit Methan & Ammoniak.

Heute sind Venus, Erde & Mars sehr unterschiedlich. Venus kochte & vertrocknete, Mars fror ein. Nur die Erde blieb für Leben geeignet.

Vulkane auf der jungen Venus produzierten CO_2. Der Treibhauseffekt ließ die Oberflächentemperatur ansteigen, Meere begannen zu verdampfen.

Der Wasserdampf verstärkte den Treibhauseffekt. Alle Flüssigkeit verkochte. Das UV-Licht der Sonne brach die Wassermoleküle ...

... in der Atmosphäre auf. Der freigesetzte Wasserstoff entwich ins All, der Sauerstoff wurde im Gestein gebunden.

Da es keinen Wasserzyklus mehr gab, reicherte die Atmosphäre immer weiter CO_2 an.

Hätte die Venus eine Plattentektonik wie die Erde, würde kohlenstoffhaltiges Gestein zum Teil recycelt & die CO_2-Anreicherung verlangsamt.

Ev. wurde die Plattentektonik der Venus gestoppt, weil Wasser als Gleitmittel fehlte. Dies & die Nähe zur Sonne machten sie zur Hölle.

Als kleinerer Planet als die Erde verlor Mars seine Wärme schneller. Sein Kern wurde fest, er starb geologisch & die Oberfläche fror ein.

Ohne Vulkane, die das Treibhausgas CO_2 ausspucken, verlor Mars die Decke, die die Wärme zurückhielt. Die Temperatur fiel, das Wasser gefror.

Ohne den Schutz eines Magnetfelds & mit nur schwacher Gravitation wurde die dünner werdende Marsatmosphäre vom Sonnenwind weggeweht.

Wäre Mars größer (mehr Wärme, stärkere Gravitation) oder seine Bahn dichter an der Sonne, wäre er dem Kältetod vielleicht entronnen.

Der Sonne näher, wäre die Erde wie die Venus verkocht. Viel kleiner, hätte sie ihre Atmosphäre verloren & wäre wie Mars eingefroren.

Venus warnt uns, dass zu viel CO_2 einen Planeten sehr heiß werden lässt. Mars warnt uns, dass zu wenig CO_2 ihn sehr kalt werden lässt.

Auf der Erde sind die Dinge »gerade richtig«, damit es Wasser & Leben geben kann. Wir haben wirklich Glück mit unserem Idealplaneten.

51. GIBT ES WASSER AUF DEM MARS?

Massenweise. Aber nur in Form von Eis. Das meiste in den hohen Breiten unter der Oberfläche. Auch die Polkappen enthalten riesige Eismengen.

Im 19. Jh. entdeckte Giovanni Schiaparelli gerade Linien. Bezeichnete sie als *canali*, per Übersetzungsfehler wurden sie künstliche Kanäle.

Percival Lowell hielt sie für künstliche Wasserwege, die Marsbewohner gebaut hätten, um Äquatorregion mit Wasser von den Polen zu versorgen.

Marskanäle = optische Täuschung. Doch Sonden fanden später Trockentäler, die das frühere Vorhandensein von Wasser nahelegen.

Viking-Sonden der NASA bestätigten die Existenz von Wasser. Polarkappen hauptsächlich Trockeneis (CO_2), aber signifikante Wassereismenge.

Eingelagertes Eis, wahrscheinlich Permafrostboden, entdeckten *Mars Odyssey* (Neutronenspektrometer) & *Mars Express* (Radarmessungen).

Die Sonde *Phoenix*, die im Polgebiet landete, schaufelte eingelagertes Eis empor. Frage bleibt, ob es auf dem Mars je flüssiges Wasser gab.

Kanäle & andere Fluss-Strukturen legen das nahe – vor einigen Mrd. Jahren, als die Atmosphäre dichter war & der Planet wärmer.

Minerale, die sich in Wasser gebildet haben (gefunden vom Rover *Opportunity*), bestätigen die Existenz von Seen & Meeren vor langer Zeit.

Mars war einst ein Planet mit einem großen Meer, das fast die gesamte flache Nordhalbkugel bedeckte, & könnte der Erde geähnelt haben.

Von Wasser gegrabene Ablaufrinnen an Kraterinnenseiten lassen vermuten, dass auch heute gelegentlich Eis schmilzt & dort entlangläuft.

Alles Wasser, das auf die Marsoberfläche gelangt, verdunstet leider sofort, weil der Atmosphärendruck nur 0,7 % von dem der Erde beträgt.

52. WURDE DAS MARSGESICHT VON EINER AUSSERIRDISCHEN ZIVILISATION HERGESTELLT?

Ebenso könnte man fragen, ob der Ayers Rock (Australien) von Außerirdischen stammt. Das »Marsgesicht« ist markant, ...

… aber eine natürliche Formation. Es handelt sich um einen einzelnen Hügel, der an ein menschliches Gesicht mit Mund, Augen & Nase erinnert.

Entdeckt wurde es auf einem körnigen *Viking*-Foto & war ein Zusammenspiel von Licht, Schatten & Bildfehlern.

Schärfere Fotos zeigten später, dass es sich um einen Tafelberg handelt.

Einige glauben, die NASA würde Beweise für eine vergangene Mars-Zivilisation zurückhalten. Nicht vom Gegenteil zu überzeugen.

Marsmenschen – oft grün & schleimig – sind ein verbreitetes Science-Fiction-Thema, z.B. in H. G. Wells' ›Der Krieg der Welten‹.

Bis in die 1960er glaubten Astronomen an Flechten oder einfache Pflanzen auf dem Mars, Arthur C. Clarke länger sogar an Mars-Bayanbäume.

Biolog. Experimente der NASA-*Viking*-Sonden 1976 erbrachten seltsame Bodenchemie. Experimentleiter hält sie immer noch für Mikrobennachweis.

Warme, nasse Zeit könnte Marsleben in der Vergangenheit bewirkt haben. Künftige Missionen zum Roten Planeten werden nach Mikroben suchen.

Einige Mikroorganismen könnten in unterirdischen Wassernischen geschützt vor kosmischer Strahlung & UV-Sonnenlicht überlebt haben.

Charakteristisch für Leben ist Methan. Das wurde überraschenderweise auf dem Mars entdeckt. Könnte auf heutiges Leben dort hinweisen.

Wenn es einst Leben auf dem Mars gab, könnten Mikroben mit Mars-Meteoriten, die Einschläge ins All katapultierten, zur Erde gelangt sein.

Falls ja, entstand das irdische Leben evtl. auf dem Mars. Beste Chance, ein echtes Marsgesicht zu sehen, ist dann der Blick in den Spiegel.

53. WIE GEFÄHRLICH IST EIN FLUG DURCH DEN ASTEROIDENGÜRTEL?

Über 500000 Asteroiden sind bekannt. Die meisten kreisen zwischen den Bahnen von Mars & Jupiter um die Sonne. Voll & gefährlich dort?

Glauben Sie den SF-Filmen nicht. Durchschnittsentfernung zwischen Asteroiden ähnelt der von Erde & Mond. Gürtel hauptsächlich leerer Raum.

Viele Asteroiden sind eher klein. Nur 200 haben einen Durchmesser von mehr als 100 km. Gesamte Asteroidenmasse beträgt 4 % der Mondmasse.

Trotzdem kommen Kollisionen im Asteroidengürtel vor & schaffen Familien kleinerer Objekte mit ähnlichem Orbit & gleicher Zusammensetzung.

Seit 1973 sind mehrere Sonden problemlos durch den Asteroidengürtel geflogen. Manche waren sogar auf Asteroiden-Missionen.

Erster Asteroid, Ceres, wurde 1801 von Giuseppe Piazzi entdeckt. Galt als der in der »Lücke« zwischen Mars & Jupiter vermutete Planet.

Binnen weniger Jahre wurden 3 weitere »Planeten« dort gefunden: Pallas, Juno, Vesta. In den 1840ern zählten 11 Planeten zum Sonnensystem.

Bald waren es Hunderte Körper, & Astronomen erkannten: Ceres ist nur größter Vertreter einer neuen Klasse – Asteroiden od. Kleinplaneten.

Ceres (Durchmesser 975 km) ist als einziger Asteroid groß genug, um eine Kugelform aufgrund von Eigengravitation zu haben: »Zwergplanet«.

Die meisten Asteroiden sind unförmige Felsen oder poröse Sand-Kies-Konglomerate, viele haben 1 oder 2 kleine Monde.

Sondenbesuch hatten: Gaspra, Ida (samt Mond Dactyl), Mathilde, Braille, Eros, Annefrank, Itokawa, Steins, Vesta & Lutetia.

Die im September 2007 gestartete NASA-Sonde *Dawn* erreichte ihren Vesta-Orbit im Juli 2011 & soll zu Ceres weiterfliegen (Ankunft 2015).

Asteroiden sind Überreste der Sonnensystembildung & mit Planetesimalen & Protoplaneten vergleichbar, die zu Gesteinsplaneten wurden.

54. HAT EIN KILLER-ASTEROID DIE SAURIER AUSGELÖSCHT?

Die meisten Asteroiden umkreisen die Sonne im Asteroidengürtel zwischen Mars & Jupiter. Sie stellen kein Risiko für die Erde dar.

Doch nach Kollisionen und/oder Gravitationsschubsern durch Jupiter gelangen auch Asteroiden ins innere Sonnensystem & ...

... kreuzen ev. die Bahn der Erde. Solche erdnahen Objekte (NEOs), zu denen auch Kometen gehören, können die Erde treffen.

Solch ein Treffer bedeutet globale Zerstörung. Das ist geschehen & wird wieder geschehen.

Die Tunguska-Explosion 1908 in Sibirien legte 2000 km^2 Wald flach. Ursache: ein Kometenfragment von der Größe einiger Häuser (30 m).

Der über 1 km große Barringer-Krater in Arizona entstammt dem Einschlag eines Eisenmeteoriten von der Größe eines Reihenhausblocks (50 m).

Größere Einschläge sind viel seltener. 1-km-Asteroiden treffen die Erde 1 × in 500000 Jahren. 10 km oder größere 1 × in 100 Mio. Jahren.

Die Dinosaurier & viele andere Arten starben vor 65 Mio. Jahren aus. Um diese Zeit wurde die Erde von 10-km-Asteroiden/Kometen getroffen.

Aussterben nicht sicher durch Einschlag verursacht. Vielleicht auch extreme Lavamengen bei der Ablagerung des »Dekkan-Trapps« in Indien.

NEOs sind aber reale Gefahr. Globale Brände/Tsunamis. Staub in der Stratosphäre würde Sonnenlicht für Jahre blockieren.

Spezialteleskope suchen Himmel nach potenziell gefährlichen Objekten ab. Ziel: die meisten über 140 m großen Körper bis 2020 auszumachen.

Bahn entdeckter Killer-Asteroiden könnte durch Raketen, nahe Atombombenexplosionen oder Gravitation massiger Raumschiffe umgelenkt werden.

Dinosaurier-Aussterben hatte auch etwas Gutes: Für Säugetiere wurden zahlreiche Nischen frei. Ohne Killer-Asteroid gäbe es uns wohl nicht.

55. IST JUPITER EINE GESCHEITERTE SONNE?

Im Film ›Odyssee 2010: Das Jahr, in dem …‹ machen Aliens Jupiter zur 2. Sonne, um entstehendes Leben auf Jupiter-Eismond Europa zu fördern.

Ist Jupiter wirklich eine gescheiterte Sonne? War er dicht an Kernreaktionen, die Sonnenlicht produziert & auf die Erde geschickt hätten?

Fakt 1: Um eine Wasserstoff-zu-Helium-Fusion auszulösen – Energiequelle der Sonne –, muss die Kerntemperatur über 10 Mio. °C betragen.

Fakt 2: Die Gravitation eines riesigen Gasballs presst & erhitzt ihn. Je größer die Masse, desto größer Druck & Erwärmung.

Um eine Temperatur von rund 10 Mio. °C zu erreichen, ist eine Masse von 8 % der Sonne nötig – oder von 80 Jupitermassen.

Jupiter war also weit davon entfernt, eine 2. Sonne zu werden. Aber es gibt einen überraschenden Umstand: Jupiter gibt mehr als doppelt …

… so viel Wärme ab, als er von der Sonne erhält. Grund: Sein Kern schrumpft langsam, wandelt Gravitationsenergie in Wärme um.

Somit entspricht Jupiter nicht genau der Planetendefinition: Körper, den nicht eigene(s) Wärme/Licht leuchten lässt, sondern reflektierte(s).

Wie wurde Jupiter in ›2010‹ zur Sonne? Da die Gravitation im Innern saugt & das nicht leisten kann, mussten Aliens ihn von außen verdichten.

Jupiter ist der 5. Planet von der Sonne aus. Er ist der größte Planet des Sonnensystems: Sein Äquatordurchmesser beträgt 140 000 km.

Jupiter umrundet die Sonne in 11,86 Jahren. Obwohl er 778,5 Mio. km von der Sonne entfernt ist, ist er nach Venus am hellsten für uns.

56. VERÄNDERT JUPITER SEIN AUSSEHEN?

Jupiter ist ein Gasplanet, besteht im Grunde nur aus Atmosphäre. Von außen sieht man Wolkengebilde – sehr dynamisch & wechselhaft.

Die Wolken werden durch die schnelle Rotation (Umdrehung in 9:55 h, = 45 300 km/h am Äquator) zu Gürteln & Bändern gezogen.

Kl. Teleskop zeigt zwei dunkle Wolkenstreifen über & unter dem Äquator. Aber auch die sind nicht immer da: Der Südgürtel verschwand 2010.

Großer Roter Fleck (GRF) ebenfalls mit kleinem Fernrohr auszumachen: riesiger Antizyklon mit Windgeschwindigkeit von bis zu 450 km/h.

GRF wurde zuerst 1664 von Robert Hooke beschrieben & wird seit der 1. Hälfte des 19. Jh. ständig beobachtet: Größe & Farbe variieren.

GRF rund 30000 × 13000 km groß, doppelt so groß wie die Erde. Farbe: meist Lachs, doch auch sehr blass bis leuchtend orangerot.

GRF rotiert gegen den Uhrzeigersinn in 6 Tagen. Die Wolkenspitzen in der Mitte sind kälter & ~8 km höher als die umliegenden.

GRF-Färbung vielleicht durch organische Phosphor- oder Schwefelkomponenten aus unteren Bereichen der Jupiteratmosphäre.

Große Teleskope/Weltraumsonden zeigen auch kleinere Flecke. Manche verschmelzen & werden größer. Neue Rote Flecke können künftig auftauchen.

Im Juli 1994 schlugen Teile des Kometen Shoemaker-Levy 9 in die Jupiteratmosphäre & bewirkten dunkle Male, die später verblassten.

In den letzten Jahren haben Hobbyastronomen weitere temporäre dunkle Flecke sowie plötzliche helle Lichter entdeckt, Grund wohl Einschläge.

Fazit: Ein Jupiteratlas ist sinnlos, der Planet sieht immer anders aus. Viele Veränderungen sind mit kleinen Fernrohren aber kaum zu sehen.

Die NASA-Sonde *Juno* soll den Jupiter im Juli 2016 erreichen & die ständig wechselnde Atmosphäre in allen Einzelheiten untersuchen.

57. WAS IST DAS BESONDERE AN DEN JUPITERMONDEN?

Die 4 größten Jupitermonde sind mit einfachen Fernrohren zu sehen & wurden 1610 von Galilei entdeckt. Man nennt sie »Galileische Monde«.

Bewies so, dass Himmelskörper um andere Himmelskörper kreisen, was die kirchliche Vorstellung der Erde als Mittelpunkt des Alls widerlegte.

Die großen Jupitermonde erlaubten die erste genaue Schätzung der Lichtgeschwindigkeit. 1676 bemerkte Ole Christensen Rømer, …

… dass die Monde 22 Minuten später hinter dem Jupiter verschwanden, wenn sich die Erde auf der von Jupiter abgewandten Sonnenseite befand.

22 Minuten = Zeit, in der das Licht den Erdorbit durchmisst. So schätzte Rømer 213 000 km/s. Moderner Wert: 300 000 km/s.

Der Galileische Mond Io ist der heißeste Himmelskörper im Sonnensystem. Er produziert mehr Wärme pro Volumeneinheit als die Sonne.

Drückt man einen Squashball kontinuierlich, wird er warm. Io ist aus dem gleichen Grund warm. Das Pressen besorgt die Jupiter-Gravitation.

Io aktivster Himmelskörper im Sonnensystem. Kern flüssig, Oberfläche voll mit Vulkanen. Spuckt 10 Mrd. Tonnen Materie pro Jahr ins All.

Genauer: Geysire, nicht Vulkane, auf Io. Nicht Lava, sondern superheißes Schwefeldioxidgas wird Hunderte Kilometer ins All geschleudert.

Der zweitgrößte Mond Europa ist die größte Eisbahn im Sonnensystem. Das größte Meer ev. nicht auf der Erde, sondern unter dem Eis von Europa.

Europa steht wie Io unter dem Druck der Jupiter-Gravitation. Eis im Innern schmilzt. Unter 10 km Eisschicht 100 km tiefes Meer.

Europa spannendster Ort im Solarsystem. Meer dort zwar absolut dunkel, aber es könnte Leben bei Vulkanschloten am Meeresboden geben.

Ganymed, der 3. Galileische Mond, ist der größte Satellit im Sonnensystem. Sein Durchmesser (5262 km) ist größer als der von Merkur.

Kallisto, d. äußerste große Mond, befindet sich als Einziger außerhalb d. tödlichen Jupiter-Strahlungsgürtels. Ideale Basis f. Erkundungen.

58. WÜRDE SATURN IN WASSER SCHWIMMEN?

Saturn ist wie Jupiter ein riesiger Gasplanet. Durchmesser: 120 500 km, also kleiner. Sonnenentfernung: 1,4 Mrd. km, Umlaufzeit: 29,5 Jahre.

In Antike der entfernteste bekannte Planet & mit der langsamsten Bewegung. Benannt nach dem römischen Ackerbaugott & Vater von Jupiter.

Am bekanntesten sind seine Ringe, die schon mit kleinem Fernrohr zu sehen sind. Zuerst 1610 von Galilei beobachtet, aber nicht erkannt.

Ringsystem wurde 1655 vom niederländ. Wissenschaftler Christiaan Huygens (entdeckte auch den größten Saturnmond Titan) richtig beschrieben.

Saturn hat, anders als Jupiter, eine geneigte Achse (27°) & Jahreszeiten. Ringschatten auf Winterhälfte verstärkt die Temperaturwechsel.

Saturn ist auch kälter, weil er sonnenferner ist. Die Wolken bilden sich tiefer in der Atmosphäre & sind weniger auffällig: faderer Anblick.

Ausnahmen: Großer Weißer Fleck von 1933 (von engl. Komiker/Hobbyastronomen Will Hay beobachtet) & gigantischer Sturm im Dezember 2010.

Am Nordpol hat Saturn ein rätselhaftes, 25 000 km großes hexagonales Sturmgebiet. Entdeckt von der Sonde *Cassini* (seit 2004 im Orbit).

Schnelle Umdrehung (in 10:39 h) drückt Mitte nach außen: Poldurchmesser macht nur 90 % des äquatorialen aus. Winde bis zu 1800 km/h.

Besteht hauptsächlich aus den leichten Gasen Wasserstoff & Helium. Hat das 95-fache der Erdmasse, doch eine mittlere Dichte von 0,69 g/cm^3.

Dichte entspricht Rüster (Ulmenholz). Hätte man ein genügend großes Wasserbecken, könnte Saturn darin schwimmen.

59. WIE DÜNN SIND DIE SATURNRINGE?

Antwort: unglaublich dünn. Die Saturnringe erstrecken sich von innen nach außen über mehr als 100 000 km, sind aber wohl nur 20 m dick.

Anders gesagt: Würde man die Ringe im Maßstab auf 1 m Durchmesser verkleinern, wären sie dünner als die schärfste Rasierklinge.

Galilei war ein Genie. Erkannte, dass Pendel periodisch schwingen & alle Körper mit derselben Geschwindigkeit fallen. Tiefpunkt war aber, ...

... als er 1610 sein neumodisches Fernrohr auf den Saturn richtete & ihn zum »Planeten mit Ohren« erklärte. Im Jahr darauf machte er ...

... daraus zwei große Monde, auf jeder Seite einen. Doch dann verschwanden die Monde. Galilei starb, ohne das Rätsel gelöst zu haben.

Das tat 1656 Christiaan Huygens, der ein größeres Fernrohr hatte & schloss, dass Saturn von einem Ringsystem umgeben ist.

Bei der Bahn um die Sonne wechseln die Saturnringe für einen irdischen Beobachter die Ausrichtung.

Blicken wir auf ihre Kante, sind sie nicht zu sehen, haben sie einen gewissen Winkel, erscheinen sie in der Tat wie Ohren.

1858 bewies James Clerk Maxwell, dass stabile Ringe weder flüssig noch fest sein können. Müssen unabhängiger Partikelschwarm sein.

Partikel sind zu 99 % Wassereis – erklärt Helligkeit der Ringe. Teilchen meist 1 cm groß, Größe reicht aber von Staubkorn bis Haus.

Man hält die Ringe für 400 Mio. Jahre alt; bildeten sich, als ein 250-km-Eismond Saturn zu nahe kam & zersplitterte.

Anfang der 1980er entdeckte die NASA-Sonde *Voyager*, dass es sich um Abertausende von schmalen Ringlein handelt, nicht um breite Ringe.

Eigentlich hat Saturn überhaupt keine Ringe, sondern Spiralen – ähnlich den Rillen alter Vinylschallplatten.

Vibrationen der Trümmer bewirken, dass sich eine »Dichtewelle« nach außen bewegt & dabei andere Partikel zu »temporären« Ringen komprimiert.

Eine Dichtewelle bewirkt auch die »Spiralarme« der Milchstraße. Die Saturnringe sind bloß eine eng gewickelte Version einer Spiralgalaxie!

60. KANN MAN AUF TITAN SCHWIMMEN?

Titan, den Christiaan Huygens 1655 entdeckte, ist der größte Saturnmond & der zweitgrößte im Sonnensystem, größer als der Planet Merkur.

1944 entdeckte Gerard Kuiper Methan auf Titan: Beweis für eine Atmosphäre. Titan ist der einzige Planetenmond mit substanzieller Atmosphäre.

Seine Atmosphäre ist sehr dick. Hauptbestandteil Stickstoff. Nebelschichten organischer Moleküle verbergen die eigentliche Oberfläche.

Die Titanatmosphäre erinnert an eine primitive Erde. Oberflächendruck 1,45-fache von dem der Erde. Temperatur viel niedriger: –180 °C.

ESA-Sonde *Huygens* landete 2005 weich auf Titan. Stellte fest, dass Eis die Rolle von Gestein spielt & flüssiges Methan die von Wasser.

Sonde *Cassini* kartierte per Radar große Teile von Titan. Entdeckte Seen aus flüssigem Methan & Ethan & Hinweise auf heftige Methanregen.

Neben der Erde ist Titan der einzige Ort im Sonnensystem mit Oberflächenflüssigkeit. Ja, man könnte dort schwimmen. Wäre aber sehr ungesund.

Der kleine vereiste Saturnmond Enceladus (500 km) ist auch interessant. Hat Wasser-Eis-Staub-Geysire, die auf Meer im Untergrund deuten.

Die kleinen inneren Saturnmonde formen das Ringsystem mit ihrer Schwerkraft, z.B. die 4700-km-*Cassini*-Lücke durch die Mimas-Gravitation.

Viele Ringstrukturen, wie der schmale F-Ring & kleine Lücken, beruhen auf der Gravitation kleiner benachbarter oder eingebetteter Monde.

Iapetus ist ein janusköpfiger Mond mit dunkler & heller Hälfte. Riesige Äquator-Bergkette wahrscheinlich durch Ringmaterial-Einschläge.

Phoebe (230 km klein) wohl »Zentaur«, ein Kuipergürtel-Planetoid, der jenseits der Neptunbahn von der Saturn-Gravitation eingefangen wurde.

Hyperion (328 km) ist extrem porös & besteht hauptsächlich aus gefrorenem Wasser. Ähnelt Schwamm: rd. 40% des Volumens sind leerer Raum.

61. WARUM LIEGT URANUS AUF DER SEITE?

Da alle Planeten aus einer Scheibe entstanden, die um die Sonne wirbelte, sollten sie sich aufrecht drehen, mit dem Äquator plan zum Orbit.

2 Ausnahmen: Venus, die kopfsteht & gegen Orbitrichtung rotiert, & Uranus, der sich auf der Seite dreht.

Ein Sonnenumlauf dauert 84,3 Jahre, dabei zeigt je 42 Jahre der Nordpol zur Sonne (hat Licht) & dann von ihr weg (ist dunkel).

Wieso ist Uranus »umgekippter« Kreisel? Vielleicht durch Kollision mit großem Körper. (Der Erdmond entstand durch ein ähnliches Ereignis.)

Problem: Uranusmonde sind ebenfalls gekippt, kreisen alle um seinen Äquator. Kaum anzunehmen, dass Einschlag Planet + Monde umkippte.

2009 haben Gwenaël Boué & Jacques Laskar vom Pariser Observatorium eine neue Theorie vorgetragen: Die Gravitation ...

... der Schuttscheibe um die Sonne könnte die Rotation des Embryo-Uranus ins Wanken oder »Präzession« wie einen Kreisel gebracht haben.

Hatte der Planet damals einen großen Mond mit mind. 0,1 % seiner Masse, wurden die Schwankungen so groß, dass Uranus auf die Seite kippte.

Aber wo ist der Mond? Boué & Laskar meinen, er sei gestohlen worden! Die Reibung zwischen der Protoplanetenscheibe & Uranus ...

... ließ den Planeten durch die Scheibe wandern. Dabei passierte er einen anderen Riesenplaneten, dessen Gravitation den Mond einfing.

Vielleicht sehr konstruiert. Doch Astronomen rätseln schon lange, wieso Uranus als Einziger der 4 Riesenplaneten keinen großen Mond hat.

Uranus war in der Antike nicht bekannt. Er wurde erst 1781 von William Herschel entdeckt, der im englischen Bath lebte.

Der deutsche Immigrant Herschel benannte den Planeten nach König George III. Die Franzosen protestierten, die Deutschen schlugen Uranus vor.

Uranus verdoppelte die Größe des Sonnensystems. Sein Durchmesser ist 4 × so groß wie der der Erde, sein Orbit 20 × so weit entfernt.

Ansonsten ist Uranus ziemlich öde & ohne Besonderheiten. Astronomen bezeichnen ihn gern als »langweiligsten Planeten«.

62. WAR NEPTUN IMMER DER ÄUSSERSTE PLANET?

Neptun wurde bereits 1612 von Galilei gesehen & verzeichnet. Er entdeckte ihn dicht bei Jupiter & hielt ihn für einen Fixstern.

Die Existenz eines Planeten wurde von Störungen der Uranusbahn abgeleitet. Wurde von einem unsichtbaren Planeten angezogen.

Berechnet wurde sein Ort nach Newtons Gravitationsgesetzen von John Couch Adams (ungenau) & Urbain Le Verrier (viel genauer) in den 1840ern.

Am 23.9.1846 fand Johann Galle in Berlin den fehlenden Planeten nahe der von Le Verrier berechneten Stelle. Nach röm. Meeresgott benannt.

Erster (& einziger) Raumschiffbesuch: *Voyager* 2, 25.8.1989. Entdeckte neue Monde & dunkle, schmale Ringe um den Planeten.

Neptun ist, wie die Erde, ein blauer Planet. Farbe durch Methan in der Atmosphäre. Starke Winde, riesige Sturmsysteme & zirrusartige Wolken.

Durchmesser: 49 530 km (kleinster der 4 Riesenplaneten), Umdrehungszeit: 16:07 h, Sonnenentfernung: 4,48 Mrd. km, Umlaufzeit: ~165 Jahre.

Größter Mond, Triton, wurde 1846 entdeckt. Dreht sich entgegen Neptun-Rotation. Wohl aus dem Kuipergürtel eingefangen (ähnelt Pluto).

Neptun ist zzt. der äußerste Planet im Sonnensystem. Das war nicht immer so. 3 Gründe:

1) In der Antike war Saturn der äußerste bekannte Planet.

2) Bis August 2006 galt der sonnenfernere Pluto (1930 entdeckt) als Planet.

3) Computersimulationen zeigen, dass die Anziehung des »wandernden« Jupiters ev. einst zu einem Plätzetausch von Uranus & Neptun führte.

63. WARUM GILT PLUTO NICHT MEHR ALS PLANET?

Neptuns Gravitation allein erklärte Abweichung der Uranusbahn nicht. US-Astronom Percival Lowell begann die Suche nach dem 9. Planeten.

Nach Lowells Tod stellte das Lowell Observatory den Farmersohn Clyde Tombaugh ein, Platten zu belichten & darauf nach »Planet X« zu suchen.

Am 18.2.1930 hatte Tombaugh Erfolg. Die Platten zeigten ein neues Objekt. Die Entdeckung von »Planet X« wurde am 13.3.1930 verkündet.

»Pluto« wurde von der 11-jährigen Engländerin Venetia Burney vorgeschlagen: röm. Gott der Unterwelt, fängt mit P. Lowells Initialen an.

Die Plutobahn ist merkwürdig. Stark zur Bahnebene anderer Planeten geneigt (17°) & sehr exzentrisch (Sonnenabstand 4,4 bis 7,4 Mrd. km).

Pluto dunkler, kleiner, masseärmer als für 9. Planeten erwartet. Masse (1974 anhand seines Monds Charon berechnet): nur 18 % unseres Monds.

Seit 1992 wurden Hunderte vereister Objekte jenseits der Neptunbahn gefunden. Pluto nur ein sehr großes Objekt aus diesem Kuipergürtel.

Eris, ein weiteres Kuipergürtelobjekt (KBO), ist mit 2300 km Durchmesser ev. etwas größer als Pluto. Sie hat sogar einen Mond: Dysnomia.

Manche KBOs haben extrem große, geneigte, längliche Bahnen. Sedna z.B. braucht 12000 Jahre für eine Sonnenumrundung (Pluto 248 Jahre).

KBOs sind eisige Überreste von der Bildung des Sonnensystems. Man schätzt heute, dass es ~100000 mit mehr als 100 km Durchmesser gibt.

Beim Treffen der International Astronomical Union im August 2006 in Prag wurde Pluto vom Planeten zum Zwergplaneten herabgestuft.

Clyde Tombaugh erlebte die schändliche Degradierung seines geliebten Planeten nicht mehr. Er starb 1997 mit 90 Jahren.

Die NASA-Sonde *New Horizons*, im Januar 2006 gestartet, soll im Juni 2015 Pluto & Charon passieren & mindestens 2 weitere KBOs anfliegen.

64. WAS SIND KOMETEN?

Kometen galten als Sterne mit Schweif oder Haaren. Bezeichnung vom lateinischen *coma*, Haar. Können wochenlang am Nachthimmel zu sehen sein.

Aristoteles meinte: in der Atmosphäre glühende Ausdünstungen. Tycho Brahe erkannte: Sie sind weiter weg als der Mond & kosmischer Natur.

Edmond Halley merkte, dass der Komet 1682 die gleiche Bahn hatte wie Kometen 1531 & 1607. Dasselbe Objekt! Sagte Wiederkehr 1758 voraus.

Kometen umkreisen die Sonne in stark elliptischen Bahnen. Ihre Perioden variieren extrem, von wenigen bis Tausende Jahren.

Der Halleysche Komet hat eine Umlaufzeit von 76 Jahren. Kometen sind poröse Eis- & Staubkörper mit einem Durchmesser von wenigen km.

Das sind primitive, aber wissenschaftlich unbezahlbare Materialien, die von der Geburt des Sonnensystems übrig geblieben sind.

In Sonnennähe schmilzt Eis, lösen sich Staubpartikel: Komet bekommt bläulichen Gas- & gelblichen Staubschweif, der von der Sonne wegzeigt.

Schweif extrem zart, aber oft spektakulär. Staub verteilt sich im Orbit, gelangt als Meteore in Atmosphäre, wenn Erde Kometenbahn kreuzt.

Bei Bildung des Sonnensystems entstanden am Rand Billionen Kometen. Viele wurden in den Eiskern von Riesenplaneten eingebaut oder zu KBOs.

Begegnung mit Embryo-Riesenplaneten schleuderte die meisten Kometen in ferne »Oort'sche Wolke«, Ausgangspunkt heutiger langperiodischer Kometen.

Kleine Kometen fallen oft auf die Sonne oder Jupiter (wie 1994 Shoemaker-Levy 9). Andere hat die Sonnenwärme nach vielen Umläufen erodiert.

In der Sonnensystem-Frühzeit haben aufschlagende Kometen ev. das meiste Wasser auf die Erde gebracht. B-Seite: brachten auch Massensterben.

Sonden haben einige Kometen aus der Nähe beobachtet & Proben genommen. ESA-Sonde *Rosetta* soll Lander *Philae* 2014 auf einem Kometen absetzen.

65. WIE WEIT REICHT DAS SONNENSYSTEM?

Das Sonnensystem hat keinen genau definierten Rand. (Ähnelt Frage, wo Rocky Mountains enden.) Definiert man es nur als Sonne & Planeten, ...

... befindet sich der Rand 4,5 Mrd. km von der Sonne (bei Neptun). Doch es gehört viel mehr zum Sonnensystem. Die kleinen Eiskörper ...

... des Kuipergürtels erstrecken sich von Neptun bis 7 Mrd. km von der Sonne weg. Trotz des scharfen Gürtelrands laufen einige weit hinaus.

Das 1500-km-KBO Sedna z.B. entfernt sich auf seiner stark elliptischen Bahn bis zu 143,7 Mrd. km von der Sonne.

Die Oort'sche Wolke aus Kometen-»Nuclei« reicht bis zu 1 Lichtjahr (9,46 Billionen km) weg. Das sind 25 % der Entfernung zum nächsten Stern.

1950 schloss der niederl. Astronom Jan Oort aus den Bahnen langperiodischer Kometen, dass sie aus sonnenfernem Riesenreservoir stammen:

Oort'sche Wolke. Enthält ev. Billionen Kometen, die größer als 1 km sind. Trotz Riesenzahl weit voneinander entfernt (meist mind. 1 Mrd. km).

Die Oort'sche Wolke (gilt vielen als Teil des Sonnensystems) definiert mehr oder weniger den äußersten Einflussbereich der Sonnengravitation.

Wird ein Komet durch Gravitation eines anderen Kometen/ eines passierenden Sterns angestoßen, kann er auf langperiod. Sonnenorbit gelangen.

Gravitation von Riesenplanet wie Jupiter kann ihn im inneren Sonnensystem einfangen, sodass er zum kurzperiod. wie der Halley'sche wird.

Andere Definition für Rand des Sonnensystems: Ende der »Heliosphäre« (= magnet. Einflusssphäre der Sonne), ~15 Mrd. km von ihr entfernt.

Die meisten Partikel in Heliosphäre stammen aus Sonnenwind, der das Sonnenmagnetfeld verbreitet. Jenseits davon: interstellarer Raum.

Tropfenform der Heliosphäre durch die Bewegung der Sonne in der Galaxie. *Voyager*-Sonden werden Heliosphäre wohl um 2014 verlassen.

DIE STERNE

66. WAS SIND STERNE?

Sterne sind andere Sonnen, die durch ihre ungeheuer große Entfernung zur Erde zu bloßen Lichtpunkten geschrumpft sind.

Der ital. Philosoph Giordano Bruno wurde 1600 auf Betreiben der katholischen Kirche verbrannt, weil er Sterne als andere Sonnen erklärte.

Ein Stern ist ein riesiger Gasball – fast komplett aus Wasserstoff & Helium –, zusammengehalten von der eigenen Gravitation.

Der Kern eines Sterns wird vom Material darüber so stark zusammengepresst, dass er auf über 10 Mio. °C aufgeheizt wird.

Superhohe Temperaturen lösen Kernreaktion aus, bei der Wasserstoff zu Helium »fusioniert«. Nebenprodukt sind Wärme & Sonnenlicht.

Unterschied zwischen Planet & Stern ist, dass Stern selbst Wärme & Licht produziert, während Planet nur durch reflektiertes Licht leuchtet.

Stern-Luminosität (& wie schnell er Nuklearbrennstoff verplempert) hängt von seiner Masse ab. Massereiche Sterne sind hell & kurzlebig.

Unsere Galaxie enthält über 100 000 000 000 Mio. Sterne, das Universum 10 000 000 000 000 000 000 Sterne (mehr oder weniger).

Mit bloßem Auge sind etwa 6000 Sterne zu sehen, fast alle weit heller als die Sonne, die schon überdurchschnittlich hell ist.

Paradoxerweise sind die meisten nahen Sterne für das bloße Auge unsichtbar: kalte, dunkle »Rote Zwerge«, die ~70 % der Sterne ausmachen.

Rote Zwerge sind so geizig mit ihrem Kernbrennstoff, dass viele 10 Billionen Jahre leben werden, 1000 × so lange wie die Sonne.

Nächster Stern ist natürlich die Sonne. Ihr Licht braucht 8,3 Minuten bis zu uns. Zweitnächster ist Alpha Centauri, 4,2 Lichtjahre weg.

Alpha Centauri ist ein Dreifachstern. Die meisten Sterne sind Doppel- oder Dreifachsysteme. Unsere einsame Sonne ist die Ausnahme.

Ein Hauptziel der Astronomie ist, so weit zurückzublicken, dass das Aufleuchten der ersten Sterne des Universums sichtbar wird.

67. WARUM FUNKELN STERNE?

»Funkel, funkel, kleiner Stern, wer du bist, das wüsst ich gern ...«, schrieb Jane Taylor 1806 & nannte ihn »Diamant am Himmelszelt«.

Schon in der Vorzeit merkten die Menschen, dass Sterne funkeln, Planeten nicht. & sie sahen auch, dass Sterne fix stehen, Planeten wandern.

Beides erklärt sich durch die Entfernung. Sterne sind so weit entfernt, dass sie Lichtpunkte sind, deren Bewegung nicht zu erkennen ist.

Planeten dagegen sind relativ nah; im Fernrohr werden sie zu Scheiben & ihre Bewegung am Himmel ist deutlich erkennbar.

Blickt man durch eine bewegte Atmosphäre auf Sterne & Planeten, ist das, als würde man unter Wasser die Lampen im Schwimmbad betrachten.

Durch die Wasserbewegung zittern punktgroße Lichter hin & her (funkeln), größere kräuseln sich nur am Rand, bleiben ansonsten ruhig.

Ähnlich funkeln Sterne, weil sie im Verhältnis zur Dichte der Atmosphäre klein sind; Planeten bleiben ruhig, weil sie groß sind.

Das Funkeln verwischt die Abbildung der Sterne im Teleskop. Abhilfe: Außerhalb der Atmosphäre schauen (Hubble-Weltraumteleskop).

Oder man kompensiert das Funkeln, indem die Form eines dünnen Teleskopspiegels viele Male pro Sekunde verändert wird (adaptive Optik).

Nadelstichkleine Quellen von Radiowellen wie »Pulsare« funkeln auch (interstellare Szintillation) – wg. Gasturbulenzen zwischen d. Sternen.

68. WIE MISST MAN DIE ENTFERNUNG DER STERNE?

Bewegt sich etwas stark, wenn man es von 2 Standpunkten betrachtet, muss es nah sein. Bewegt es sich kaum, ist es weit weg.

Beweis: Finger dicht vor dem Gesicht, abwechselnd mit 1 Auge ansehen. Bewegt sich stark. Finger weiter weg: Bewegt sich weniger.

Effekt (= Parallaxe) kann Sternentfernung aufzeigen: Man beobachtet Stern von 2 entgegengesetzten Stellen des Erdorbits (6 Monate Abstand).

Stern hat eine Entfernung von 1 Parsec (3,26 Lichtjahre), wenn seine Position nach 6 Monaten um 1 Bogensekunde (1/3600°) verschoben ist.

Problem: Atmosphärenturbulenzen verwischen Sternposition um 0,5 Bogensekunden oder mehr. Parallaxe kann nur Entfernung naher Sterne zeigen.

Lösung: ins All gehen. ESA-Satellit *Hipparcos* maß per Parallaxe Entfernung von 100000 Sternen, die mehr als 100 Lichtjahre entfernt sind.

Um größere Entfernungen zu messen, braucht man Sterne mit bekannter absoluter Leuchtkraft: schwächerer Stern weiter entfernt als hellerer.

Gibt es Sterne, deren absolute Leuchtkraft bekannt ist? Ja. Cepheiden – superhelle veränderliche Sterne, die wie schlagende Herzen pulsieren.

Wesentliche Entdeckung von Henrietta Leavitt 1912: Cepheiden mit größerer Leuchtkraft variieren ihre Helligkeit über längere Zeitperiode.

Entfernung d. Cepheiden: 1) Periode der Lichtvariation ist absolute Leuchtkraft. 2) absolute & scheinbare Helligkeit vergleichen ergibt Entf.

Edwin Hubble beobachtete 1923 Cepheiden im Andromedanebel & stellte fest: Sind »Inselgalaxie« 2,5 Mio. Lichtjahre jenseits der Milchstraße.

Hubble-Weltraumteleskop hat Cepheiden in der Galaxie M100 ausgemacht, was stellare Entfernungsmessungen bis 56 Mio. Lichtjahre ermöglicht.

69. WIE KÖNNEN WIR HERAUSFINDEN, WORAUS STERNE BESTEHEN?

1835 behauptete der Philosoph Auguste Comte, es sei klar, dass die Wissenschaft die Sternzusammensetzung nie herausfinden könne. Falsch!

Die Natur ist nett. Die Atome jeden Elements emittieren Licht in charakteristischer Farbe/Wellenlänge = Identifizierung in Sternen möglich.

Ein einzigartiger »spektraler« Abdruck existiert, weil jedes Atom eines bestimmten Elements eine spezifische Elektronenanordnung hat.

Springt ein Elektron von einem Orbit zum anderen, wird Licht emittiert & die Lichtenergie entspricht der Energiedifferenz der beiden Orbits.

Problem: Sterne so heiß, dass manche Elemente kaum/keine Elektronen mehr haben. Element lässt sich dann nicht nachweisen, obwohl ev. häufig.

Ehe das klar war, gab es den Irrglauben, die Sonne sei aus Eisen, weil das den deutlichsten spektralen Abdruck liefert.

Durchbruch von Cecilia Payne 1925. Aus Sonnenlicht schloss sie, dass Wasserstoff & Helium (beide selten auf Erde) 98 % der Sonne ausmachen.

Payne hatte die Zusammensetzung des Universums gefunden. 98 % aller Atome sind Wasserstoff & Helium, alle anderen Elemente umfassen nur 2 %.

Payne schrieb die wichtigste Astronomie-Doktorarbeit des 20. Jh., ist aber kaum bekannt. Grund: Frau in wissenschaftlicher Männerdomäne.

Allmählich wurde klar, dass die Elemente überall in denselben Proportionen vorkommen: Elemente entstehen also durch universellen Prozess.

Wo ist der »Ofen«, der die Elemente in unseren Körpern gebar? Erst wurde auf die Sterne gezeigt, dann den Urknall, jetzt wieder die Sterne.

Fred Hoyle & Kollegen nannten 1957 genaue »nukleare« Prozesse, die die Elemente in den Sternen aufgebaut haben.

Problem: Sterne können nicht die Heliummenge produzieren, die das Weltall hat. Die Natur ist nicht simpel. Schwere Elemente werden in …

… Sternen gemacht, leichte beim Urknall. Hoyles Kollege Willy Fowler erhielt 1983 den Physiknobelpreis für diese Arbeit, Hoyle nicht.

70. SIND ALLE STERNE EINZELGÄNGER WIE DIE SONNE?

Nein, die Sonne ist ungewöhnlich als Einzelstern. Über die Hälfte der Milchstraßensterne gehören zu Systemen aus 2, 3, sogar 4 Sternen.

Das sonnennächste Sternsystem – Alpha Centauri, 4,2 Lichtjahre entfernt – hat 3 Sterne (Proxima Centauri davon uns am nächsten).

Visuelles Binärsystem: Wir sehen 2 Sterne, die sich umkreisen. Spektroskopisches Binärsystem: Licht zeigt spektralen Abdruck zweier Sterne.

Unklar, warum die meisten Sterne zu Mehrfachsystemen gehören. Besagt wohl etwas über Prozesse in interstellaren Wolken (Brutgebieten).

Man dachte, Mehrfachsysteme seien Problem für Planeten. Heute bekannt, dass Orbit um mehrere Sterne möglich ist.

Falls es weiteres Leben in der Milchstraße gibt, leben die meisten ETs wohl auf Planeten, auf die 2 oder mehr Sonnen brennen.

David Raup & John Depkosky mutmaßten 1984, die Sonne habe einen superschwachen Begleiter – auf einem superlangen 27-Mio.-Jahre-Orbit.

»Nemesis« genannter Sonnenbegleiter sollte eine 27-Mio.-Jahre-Periodizität bei den paläontologisch nachgewiesenen Massenaussterben erklären.

Alle 27 Mio. Jahre, so Wissenschaftler, stört Nemesis die Kometenwolke des Sonnensystems & schickt todbringende Kometen Richtung Erde.

Nemesis wurde nie gefunden. Hätte eh nicht funktioniert: Gravitationsschübe naher Sterne hätten Bahnperiode fluktuieren lassen.

Aber möglich, dass die Sonne einst in ihrem Brutgebiet eine Schwester hatte, die ihr von einem vorbeiziehenden Stern geklaut wurde.

71. WIE FUNKTIONIEREN STERNE?

Ein Stern ist ein riesiger Gasball.

Er bildet sich, wenn eine interstellare Wolke aus überwiegend Wasserstoff & Helium aufgrund ihrer eigenen Gravitation zu schrumpfen beginnt.

Das Schrumpfen geht weiter, bis der Kern so unter Druck steht & heiß wird, dass eine »Kernfusion« von Wasserstoff zu Helium in Gang kommt.

Nebenprodukt: Wärme. Heißes Gas, das nach außen drängt, bremst die Gravitation aus. Der Ball schrumpft nicht weiter.

Jetzt ist er kein bloßer Gasball mehr, sondern ein glühender Gasball – ein Stern.

Fakt: Kernfusion hängt stark von der Temperatur ab. Steigt die Temperatur, nimmt sie zu, fällt die Temperatur, wird sie zurückgefahren.

Fällt die Wärmeproduktion, schrumpft der Kern & erhitzt sich, was Fusion erhöht. Steigt die Wärmeproduktion, dehnt sich der Kern aus ...

... & kühlt ab, was Fusion reduziert. Ein Stern hat also eine Art Thermostat, der ihn ständig zwischen Schrumpfen & Ausdehnen ausbalanciert.

Nichts dauert ewig. Die Fusion verwandelt Wasserstoff in das schwerere Helium, das zum Kern sinkt, dort Druck ausübt & ihn aufheizt.

Die innere Sternstruktur wandelt sich also langsam. Der Stern entwickelt sich & früher oder später ist sein Gleichgewicht gestört.

Ein Stern mit geringer Masse (w. d. Sonne) wird zum Roten Riesen, wenn der Wasserstoff ausgeht. Dann stirbt er langsam als Weißer Zwerg.

Ein Stern mit großer Masse erreicht immer extremere Zustände, löst dabei neue Fusionen aus, die zu einer neuen Serie stabiler Phasen führen.

Gravitation verschwindet nicht. Jede neue Balance ist kurzlebig. Ein Stern kann Kämpfe gegen die Gravitation gewinnen, aber nicht den Krieg.

Am Ende zermalmt die Gravitation den Kern zum Schwarzen Loch oder zum Neutronenball. Das führt zu einer Explosionskatastrophe: »Supernova«.

72. BESTEHEN WIR AUS STERNENSTAUB?

Das All mit seinen Schwarzen Löchern, Nebeln & Sternexplosionen scheint mit unserem Leben nichts zu tun zu haben. Weit gefehlt!

Eisen in unserem Blut, Calcium in unseren Knochen, Sauerstoff in unseren Lungen = in Sternen geformt, die starben, ehe die Erde entstand.

Sterne sind Öfen, in denen schwere Elemente wie Kupfer allmählich aus dem simpelsten Legostein der Natur – Wasserstoff – aufgebaut werden.

Wenn Sterne ein Element in ein anderes umwandeln, ändert sich ihre chemische wie ihre Gesamtstruktur: Ihr Inneres entwickelt sich.

Elemente enthalten also den Schlüssel für das Geheimnis der Sterne & die Sterne den für das Geheimnis der Elemente.

Elementeentwicklung geht am weitesten – bis hin zum Eisen – in massereichen Sternen. Instabilität lässt sie als Supernovae explodieren.

Elemente, die schwerer als Eisen sind (etwa Uran), bilden sich dann bei der Kernfusionsorgie im Inferno der Supernova-Explosion.

Von der unendlichen Gewalt der Supernova-Explosion werden die Produkte des Sternenofens in die Winde des Alls geschleudert.

Supernova-Schutt verbindet sich mit dem Gas interstellarer Wolken. Formen sich darin Sterne, sind sie mit schwereren Elementen angereichert.

Jede folgende Sterngeneration hat mehr schwere Elemente. Die Sonne gilt als 3.-Generation-Stern. 2 Generationen starben, ehe sie entstand.

Schwere Elemente bilden sich in Sternen, das leichteste – Helium – entstand im Urknall-Feuerball (in den ersten 10 Minuten unseres Alls).

Die große Menge Helium im All – 10% aller Atome – entspricht genau dieser Theorie. Wichtiger Beweis, dass alles mit dem Urknall begann.

Fehler der Astrologen ist nicht Spinnerei, sondern zu wenig davon. Unsere Bindung an die Sterne ist weit enger, als sie je ahnten.

Ein bisschen Sternsehen gefällig? Halten Sie die Hand hoch. Sie sind fleischgewordener Sternenstaub. Sie wurden wirklich im Himmel gemacht.

73. WELCHE UNTERSCHIEDE GIBT ES ZWISCHEN STERNEN?

Angesichts des simplen Rezepts – Gasball wird durch eigene Gravitation zusammengehalten – ist erstaunlich, wie unterschiedlich Sterne sind.

Manche Sterne leben 10 Billionen Jahre (1000 × länger als das Universum bislang), andere explodieren nach wenigen Mio. Jahren.

Die Masse bestimmt die Lebenserwartung. Massereiche Sterne sind heiß, verbrennen mit atemberaubendem Tempo. Massearme Sterne schwelen nur.

Manche Sterne sind nicht größer als der Mount Everest (Krebs-Pulsar), andere könnten 10 Mrd. Sonnen (VY Canis Majoris) aufnehmen.

Würde VY Canis Majoris den Platz unserer Sonne einnehmen, würde er bis hin zum Saturn-Orbit alle Planeten schlucken.

Manche Sterne sind blauweiß, andere gelbweiß (wie die Sonne), wieder andere matt kirschrot, verblassen Richtung schwarz.

Die Temperatur bestimmt die Farbe. Blauweiße Sterne sind superheiß, rote eher kalt.

Manche Sterne sind konstant, bei anderen pulsiert die Helligkeit/kommt es zu Explosionen. Ungewisse Kernreaktionen schuld an Instabilität.

Manche Sterne haben viele schwere Elemente wie Eisen, andere nicht. Beeinflusst Struktur & Aussehen, wenn Wärme im Innern gestaut wird.

Entstehungszeitpunkt bestimmt Zusammensetzung. Älteste Sterne aus Zeit, in der keine Supernovae Galaxie mit Fusionsprodukten versorgten.

Manche Sterne haben Planeten, andere nicht. Mindestens 10% haben welche – immer mehrere, es könnte also so viele Planeten wie Sterne geben.

Noch unbekannt, wieso Sterne Planeten haben. Zur Bildung von Gesteinsplaneten sind offenbar schwere Elemente nötig.

Angesichts von 10000000000000000000 Sternen im All stellt sich die Frage, welche weiteren Merkwürdigkeiten der stellare Zoo aufweist.

74. WARUM EXPLODIEREN STERNE?

Die meisten Sterne verbrennen wie die Sonne Wasserstoff zu Helium, werden jedoch nie dicht/heiß genug für den Schritt Helium zu Kohlenstoff.

Somit geht ihnen der H-Brennstoff aus, es folgt eine kurzes Aufbäumen als Roter Riese, dann werden sie langsam unsichtbar als Weißer Zwerg.

Massereiche Sterne sind anders. Haben sie ein Element in ein schwereres umgewandelt, werden sie dicht/heiß genug für den nächsten Schritt.

Meiste schwere Sterne enden mit »Siliciumbrennen« – superschneller Kernfusionsorgie, bei der Sternkern in Eisen/Nickel umgewandelt wird.

Eisen/Nickel-Kern bedeutet Katastrophe. Weitere Elementbildung verbraucht Energie, statt sie freizusetzen, saugt Stern vampirmäßig Wärme aus.

Kann er keine Wärme mehr erzeugen, die sein Gas gegen überwältigende, ihn zerquetschende Gravitation unterstützt, »implodiert« der Kern.

Nur Bildung eines »Neutronenkerns« kann Implosion stoppen: superdichter Neutronenball, so hart, dass hineinfallender Stern abprallt.

Implosion wird zu Explosion (Supernova). »Neutrinos«, subatomare Partikel, entstanden bei Neutronenkernbildung, sprengen Sternhülle weg.

Eine Supernova kann kurzfristig ganze Galaxie von 100 Mrd. Sternen überstrahlen, ist also über riesige Bereiche des Universums zu sehen.

Doch das helle Licht der Supernova macht keine 1 % der freigesetzten Energie aus. 99 % davon werden als Neutrinos freigesetzt.

Neben der »Kernkollaps-Supernova« gibt es zweiten wichtigen Typ: Tritt bei Doppelsternen auf, wo ein Stern zum Weißen Zwerg geworden ist.

Materie des Begleitsterns, die der Weiße Zwerg aufsaugt, löst nukleare Fluchtbewegungen aus: Stern sprengt sich selbst als Supernova.

Kennzeichen dieses 2. Supernova-Typs (fachsprachlich Typ Ia) ist, dass die Explosion wohl immer die gleiche Leuchtkraft aufweist.

Typ-Ia-Supernovae von Bedeutung bei Entfernungsmessungen im All. 1998 zeigten sie die Existenz der rätselhaften »Dunklen Energie« auf.

75. WAS WÄRE, WENN EINE SUPERNOVA IN DER NÄHE HOCHGINGE?

Da eine Supernova leicht 10 Mrd. Sonnen überstrahlen kann, wäre eine Explosion in unserem kosmischen Hinterhof ein furchterregender Anblick.

Eine Supernova innerhalb von 30 Lichtjahren Erdentfernung wäre ein blendend heller Stern, mindestens 100 × heller als der Vollmond.

Wäre tagsüber sichtbar & würde auch die Nacht vertreiben, während sie im Lauf mehrerer Monate verblasst. Jagdproblem für nachtaktive Tiere.

Das Licht käme in nur 30 Jahren bei uns an, aber danach & 300 Jahre anhaltend, käme ein todbringender Schauer subatomarer Teilchen.

Teilchen würden auf die Atmosphäre treffen & die Ozonschicht zerstören, die das Leben auf der Erde vor tödlicher UV-Sonnenstrahlung schützt.

Auf der Erdoberfläche wäre Leben nicht mehr möglich, nur Kreaturen im Meer, in Höhlen & unter der Erde könnten überleben.

Unmöglich zu schätzen, wie häufig Supernovae in der Milchstraße sind, weil interstellarer Staub sie oft verbirgt. In Galaxien wie unserer ...

... sehen wir etwa alle 50 Jahre 1 Supernova. Bedeutet, dass es 200 Mio. Supernovae in den 10 Mrd. Jahren Milchstraßengeschichte gab.

Seit Entstehung der Erde muss es 1 oder 2 Supernovae innerhalb von 30 Lichtjahren gegeben haben. Können gut Massensterben ausgelöst haben.

Glück: Erdnächste bekannte Supernova der letzten 400 Jahre – SN 1987A – erfolgte 170 000 Lichtjahre entfernt in einer Satellitengalaxie.

Schlechte Nachricht: Beteigeuze (großer heller Stern im Orion) kurz vor Supernova. Gute Nachricht: Kann noch 1 Mio. Jahre dauern!

Zum Glück ist Beteigeuze 650 Lichtjahre entfernt. Als Supernova wäre sie ~500 × schwächer als eine Explosion innerhalb von 30 Lichtjahren.

Normale Supernova aber nahezu blass neben »Gammastrahlenblitz« von ungewöhnlich energiereicher Supernova, die Schwarzes Loch gebiert.

Energie eines Gammastrahlenblitzes zielt aber (wie Leuchtturmstrahl) nur in 1 Richtung: »Todesstrahl« aus hochenergetischen Gammastrahlen.

Selbst 10 000 Lichtjahre entfernter Gammastrahlenblitz könnte Atome der Atmosphäre »ionisieren«, Ozonschicht zerstören & Leben bedrohen.

76. WAS SIND NEUTRONENSTERNE UND PULSARE?

Wahnsinnsfakt: Man könnte gesamte Menschheit in das Volumen eines Zuckerwürfels packen. Grund: Materie ist unvorstellbar leer.

Vereinfacht lässt sich Atom als Minisonnensystem vorstellen, bei dem Elektronen wie Planeten um einen winzigen zentralen Kern kreisen.

Doch das Bild des Atoms als Minisonnensystem zeigt nicht, wie leer das Atom ist – 99,9999999999999 % von ihm sind leerer Raum.

Könnte man den leeren Raum aus allen Atomen aller Menschen der Welt herauspressen, würde die Menschheit also in 1 Stück Würfelzucker passen.

Nicht nur eine verrückte Theorie. Es gibt Objekte im All, bei denen der gesamte leere Raum aus den Atomen gepresst wurde: Neutronensterne.

Ein Neutronenstern ist der Rest (implodierter Kern), wenn ein schwerer Stern zur Supernova wird. Vergleich: Sonne auf Berggröße gepresst.

Könnte man ein würfelzuckergroßes Stück von einem Neutronenstern ablöffeln, würde es in der Tat so viel wie alle Menschen zusammen wiegen.

Schrumpft ein Stern zum Neutronenstern, rotiert er immer schneller (Pirouetteneffekt). Er ruft geradezu: »Hier bin ich!«

1967 entdeckte die 24-jährige Studentin Jocelyn Bell mit dem Radioteleskop in Cambridge regelmäßige Radiowellenausstöße von Objekt CP1919.

Bell fand bald weitere pulsierende Quellen. Erst dachte man, ETs würden uns Signale schicken, & nannte Quellen »Kleine grüne Männchen«.

T. Gold & F. Pacini erkannten 1968, dass Bell rotierende Neutronensterne entdeckt hatte. Beim Rotieren senden sie 1 Radiowellenstrahl aus.

Wurden »pulsierende Neutronensterne« oder Pulsare getauft. Gravitation auf Oberfläche von Neutronenstern 100 Mrd. × größer als auf Erde.

Bislang wurden 3 Nobelpreise für Pulsare verliehen. Aber keiner an Dame Jocelyn Bell Burnell. Gilt allgemein als sehr ungerecht.

77. WAS SIND SCHWARZE LÖCHER?

Ein Schwarzes Loch ist ein Gebiet, wo die Gravitation so stark ist, dass selbst Licht – das Schnellste im All – nicht entweichen kann.

Daher die Schwärze des Lochs. Es entsteht wohl, wenn ein sehr massereicher Stern in einer finalen Explosion – einer Supernova – untergeht.

Paradox: Schleudert ein Stern seine äußeren Schichten ins All, implodiert sein Kern, schrumpft, während Dichte & Temperatur hochschießen.

Hat der Kern genügend Masse, kann keine bekannte Kraft verhindern, dass er zur »Singularität« schrumpft – zu horrender unendlicher Dichte.

Ein Schwarzes Loch besteht aus einer Singularität, umgeben von einem »Ereignishorizont«, von dem ab Materie unweigerlich in es hineinfällt.

Würde die Sonne zum Schwarzen Loch – keine Angst, sie hat nicht genug Masse –, hätte ihr Ereignishorizont bloß einen Durchmesser von 3 km.

Die Schwerkraft des Schwarzen Lochs ist so groß, dass sie in ihrer Nähe Licht krümmt & die Zeit verlangsamt – wie Einsteins Theorie besagte.

Könnte man nah herankommen, würde man den eigenen Hinterkopf sehen – Licht von der Kopfrückseite, um das Schwarze Loch zum Auge gekrümmt.

Dank der Zeitverlangsamung könnte man beim Ereignishorizont die Zukunft des Alls wie im Zeitraffer vorbeihuschen sehen.

Unmöglich (bislang), Schwarze Löcher direkt zu sehen: 1. klein, 2. schwarz. Wir leiten ihre Existenz indirekt aus ihrer Gravitation ab.

Cygnus X-1: sehr massereicher Stern, der um unsichtbaren Begleiter (Schwarzes Loch) wirbelt. Wir sehen Röntgenstrahlen eingesogener Materie.

Geburtsschrei eines SL sollte Ausbruch von Gravitationswellen sein, die All wie Teichoberfläche vibrieren lassen: Entdeckung Beweis für SLs.

Neben stellaren SLs gibt es im All auch »supermassereiche« SLs (im Kern von Galaxien) mit millionen- bis milliardenfachen Sonnenmassen.

Minimöglichkeit, dass es auch winzige Schwarze Löcher gibt, die vom gewaltigen Feuerball des Urknalls übrig geblieben sind.

SLs sind nicht absolut schwarz! Stephen Hawking entdeckte, dass sie aufgrund von »Quanteneffekten« die sog. »Hawking-Strahlung« aussenden.

78. SIND DIE STERNE KÜNSTLICH?

Saublöde Frage, oder? Von Bedeutung ist sie aber für die wichtige wissenschaftliche Frage: Wie erkennen wir ETs?

Die Suche nach extraterrestrischer Intelligenz (SETI) scannt nach Signalen auf 1 Frequenz – dem ET-Äquivalent einer Rundfunkstation.

Solch ein Signal ist regelmäßig & wiederholt sich, hat ein Muster. Doch Signale mit Muster enthalten Redundanzen, können komprimiert werden.

Folge: Effizientes Signal hat kein Muster, wirkt so zufällig wie die Radiostrahlung von der Sonne oder ein elektromagnetischer Sturm.

Just so sehen unsere Handy-Übertragungen & Computerdaten heute aus. Aus Effizienzgründen sind alle Wiederholungen/Muster getilgt.

Folge: Signal von hochentwickelter ET-Zivilisation wirkt zufällig wie ein natürliches. Schwer von kosmischem Rauschen zu unterscheiden.

So, wie ET-Signale unseren üblichen Signalen nicht ähneln dürften, werden auch ET-Artefakte unseren Konstruktionen nicht entsprechen.

Laut Stephen Wolfram, Entwickler der Computersprache Mathematica, werden ET-Artefakte natürlich wie Bäume wirken ... oder wie Sterne.

Wolfram fragt deshalb ohne Scherz: »Sind Sterne künstlich?« Auch wenn dies unwahrscheinlich ist, haben wir keine Gewissheit darüber.

DIE MILCHSTRASSE

79. WIE SIEHT UNSERE MILCHSTRASSENGALAXIE AUS?

Die Milchstraße ist ein diffuses Band weißen Lichts am Nachthimmel – wie auf der Schwärze verschüttete Milch, hieß es im Altertum.

Als Galilei sein Teleskop auf den Himmel richtete, sah er, dass die Milchstraße aus unzähligen, zusammengedrängten Sternen besteht.

Entdeckung (1922), dass »Spiralnebel« Sterneninseln im Meer des Alls sind, legte nahe, dass die Milchstraße so eine Insel oder Galaxie ist.

Erwies sich als sehr schwer, die detaillierte Milchstraßenstruktur aus der Perspektive der weit im Innern liegenden Sonne zu erkennen.

Das sichtbare Licht entfernter Sterne wird von Vorhängen aus Staub im interstellaren Raum absorbiert. Es ist also Licht nötig, …

… das Staub durchdringt (trotzdem bleibt es schwierig, die Milchstraßenstruktur von innen her zu erkennen). Radiowellen durchdringen Staub.

Sie enthüllten: Die Milchstraße ist wirklich ein Spiralnebel. Ein riesiges Rad aus ~200 Mrd. Sternen, das sich schwerfällig im All dreht.

Milchstraßensterne konzentriert in flacher Scheibe: Von der Seite hat die Galaxie die Form zweier Rücken an Rücken liegender Spiegeleier.

Wie bei allen Spiralgalaxien gibt es in der Mitte einen gewölbten Stern-»Bulge«, von dem »Spiralarme« aus Sternen nach außen schlängeln.

Durchmesser der flachen Scheibe Milchstraße: ~100000 Lichtjahre. Höhe: bloße 2000+ Lichtjahre.

Die Sonne befindet sich in einem Sporn des »Perseus-Arms«, etwa 27000 Lichtjahre von der Mitte & etwa auf halber Strecke nach außen.

Die Sonne umkreist das Milchstraßenzentrum in rund 220 Mio. Jahren. Beim letzten Mal am derzeitigen Ort beherrschten Dinosaurier die Erde.

80. WO ENTSTEHEN STERNE IN DER MILCHSTRASSE?

Beweis zur Sternkinderstube durch Walter Baade, der während der WK-II-Verdunklung in Los Angeles am 2,5-m-Mount-Wilson-Teleskop arbeitete.

Baade, deutscher Emigrant & als »Feind« vom US-Kriegsdienst ausgeschlossen, stellte fest: In der Milchstraße gibt es 2 »Sternpopulationen«.

Population I, in den Spiralarmen, hat primär heiße blaue Sterne, Population II, in dem Milchstraßen-Bulge, vor allem kalte Rote Riesen.

Wichtig: Rote Sterne sind alt, blaue jung. Baade hatte also entdeckt, dass die Spiralarme Sternkinderstuben sind.

Der Grund dafür wurde aber erst klar, als die Forschung erkannte, was genau die Spiralarme sind.

Spiralarme sind keine dauerhaften Erscheinungen der Milchstraße. Wären sie das, würden sie sich bei der Rotation der Galaxie »aufwickeln«.

Die Gasscheibe der Milchstraße vibriert wie eine Wasseroberfläche, eine spiralförmige »Dichtewelle« pflanzt sich vom Zentrum nach außen fort.

Beim Nachaußenwandern komprimiert die Dichtewelle das interstellare Gas, lässt Tröpfchen schrumpfen & Sternbildung auslösen.

Milchstraßenspirale = galaktische La-Ola-Welle! Erscheint nur dauerhaft, weil unsere Lebensspanne nicht für einen Durchgang ausreicht.

Übrigens – die Saturnringe sind ähnliche Spiralen wie die Spiralarme, aber enger gewickelt. Ursache dieselbe: eine Dichtewelle.

81. WAS SIND KUGEL- & WAS OFFENE STERNHAUFEN?

Sterne entstehen nicht einzeln, sondern in 10er- oder 1000er-Gruppen. Ihre Höllenhitze verschlingt das Gas am Rand von Riesen-Molekülwolke.

Neue Sterne verteilen sich allmählich im All, weil ihr Geburtsort von heftigen Sternwinden & Sternexplosionen durchgeschüttelt wird.

Nach einigen 100 Mio. Jahren können Sterne solcher »offenen Sternhaufen« so weit getrennt sein, dass man sie kaum als Geschwister erkennt.

Einige Schwestern der Sonne könnten auch noch in ihrer Nähe sein. Schwer festzustellen, da die Sonne bereits 4,55 Mrd. Jahre alt ist.

Junge offene Sternhaufen leicht zu sehen: Im Plejaden-Haufen etwa (im Stier) sind neue, heiße Sterne, die noch der mütterliche Nebel umgibt.

Doch offene Sternhaufen sind nicht die einzigen Cluster in der Milchstraße. Es gibt auch »Kugelsternhaufen«, die sich nicht zerstreuen.

Ein Kugelsternhaufen enthält viele Sterne – 100000 bis einige Mio. –, zusammengepfercht in einem Knoten von wenigen zig Lichtjahren.

Kugelsternhaufen sausen wie Bienen um die Milchstraßenscheibe. Die Spiralscheibe liegt in einem Schwarm von 150–200 Kugelsternhaufen.

Andere Galaxien wie die riesige Ellipsengalaxie M87 haben nicht nur ein paar Hundert, sondern über 10000 Kugelsternhaufen.

Im Kugelhaufen stehen die Sterne so dicht, dass sie sogar kollidieren können (für separierte Sterne wie die Sonne nahezu unmöglich).

Auf Planeten im Kugelsternhaufen zeigt der Himmel einige 100000 statt nur einiger 1000 Sterne wie auf der Erde. Wahnsinnsanblick!

Kugelsternhaufen unterscheiden sich nicht nur durch die Bindung von offenen, sondern auch, weil sie eher alte als junge Sterne enthalten.

Hinweis auf den Ursprung von Kugelhaufen ist das Alter der Sterne. Sie entstanden vor 10 Mrd. Jahren, als eine kugelförmige Gaswolke ...

... zur Milchstraße schrumpfte. Doch die Frage, wie & warum sich Kugelhaufen damals hier bildeten, bleibt ungelöst.

82. WIE VIELE SATELLITEN-GALAXIEN KREISEN UM DIE MILCHSTRASSE?

So, wie Planeten Satelliten haben (Monde), haben Galaxien Satelliten-Galaxien. Bei der Milchstraße stehen ~25 in Gravitationsabhängigkeit.

Die größten Satelliten – Große & Kleine Magellan'sche Wolke (GMW & KMW) – sind auf der Südhalbkugel gut mit bloßem Auge zu sehen.

GMW: schwacher wolkenförmiger Fleck mit dem 10-fachen der scheinbaren Mondgröße. KMW: ähnlicher Fleck mit 5-facher Mondgröße am Nachthimmel.

Benannt sind die Wolken nach Ferdinand Magellan, dem 1. Europäer, der sie beschrieb – während seiner Weltumsegelung 1519–1521.

GMW: etwa 10% der Milchstraßenmasse & 170000 Lichtjahre entfernt. KMW: 200000 Lichtjahre entfernt, rund 5% der Milchstraßenmasse.

1987 erschien in GMW erste mit bloßem Auge sichtbare Supernova seit »Keplers Stern« 1604. 1 Monat leuchtete SN1987A wie 100 Mrd. Sonnen.

GMW & KMW sind nur die größten & hellsten Satelliten-Galaxien, die die Milchstraße umkreisen. Die meisten anderen sind superschwach, weil ...

… sie nur wenige Sterne enthalten. Die größten haben 1000-Lichtjahre-Durchmesser (knapp 1 % der Milchstraße), die kleinsten 150 Lichtjahre.

Andere Galaxien haben auch Satelliten-Galaxien. Etwa die Andromedagalaxie, der riesige Milchstraßen-Nachbar, mindestens 15.

Milchstraßen-Satelliten-Galaxien geben große Rätsel auf, weil es etwa 100 × mehr geben müsste, als Astronomen beobachtet haben.

Theorie zur Galaxien-Bildung: Dunkle Materie bildet Klumpen (Halos), sie ziehen normale Materie an. Kennzeichen: DM-Halos in allen Größen.

Großer Halo wie der für die Milchstraßenentstehung sollte ~1000 Minihalos eingesammelt haben – Kerne kleiner Satelliten-Galaxien.

Wo sind die Milchstraßen-Satelliten? Verfechter der Dunklen Materie sagen, sie seien da, aber so schwach, das wir sie bislang nicht sähen.

Aber auch möglich, dass »Problem der fehlenden Satelliten-Galaxien« beweist, dass die Dunkle-Materie-Theorie so nicht richtig ist.

83. WORAUS BESTEHT DIE MILCHSTRASSE HAUPTSÄCHLICH?

Wie alle Spiralgalaxien ist die Milchstraße eine Insel aus Sternen & Nebeln, oder? Falsch. Das meiste ist nicht sichtbar (wie bei Eisberg).

Dass etwas fehlt, wurde durch Beobachtung & Messung der Orbitgeschwindigkeit der Sterne am äußeren Rand klar. Für so weit entfernte Sterne …

… sind sie viel zu schnell. Sie müssten, wie von einem immer schnelleren Karussell, in den intergalaktischen Raum geschleudert werden.

Anomalie durch Annahme erklärt, dass die Galaxie unsichtbare »Dunkle« Materie enthält, deren zusätzliche Gravitation die Sterne festhält.

Folgerung: Flache Milchstraßenspirale ist von kugelförmigem Halo Dunkler Materie umgeben, ev. 10 × so massereich wie sichtbare Galaxie.

Was ist Dunkle Materie? Jede Antwort ist möglich. Derzeitige Favoriten: bislang unentdeckte subatomare Partikel.

Wenn die Milchstraße hauptsächlich aus Dunkler Materie besteht, ist die auch um uns herum. Viele Suchexperimente. Finder: Nobelpreis sicher.

Hinweise auf Dunkle Materie auch jenseits der Milchstraße im All. Ihr Gewicht übersteigt das sichtbarer Materie um den Faktor 6 od. 7.

Dunkle Materie nur ein Erklärungsversuch für Tempo der äußeren Milchstraßensterne. Ein anderer ist MOND (modifizierte Newton'sche Dynamik).

MOND wurde 1983 von Mordehai Milgrom vorgestellt & kann beschleunigte Sternbewegung in allen Spiralgalaxien erklären.

Idee: Nicht zusätzliche Gravitation Dunkler Materie hält Sterne fest, sondern die Gravitation ist am Galaxienrand stärker, als Newton annahm.

MOND von nennenswerter Minderheit der Astronomen begrüßt. Aber Physik dahinter unsicher. Physiker bislang also eher skeptisch.

Dunkle Materie dürfte »gewinnen«, wenn ein ihr entsprechendes Teilchen im Teilchenbeschleuniger Large Hadron Collider des CERN auftaucht.

84. WAS VERBIRGT SICH IM ZENTRUM DER MILCHSTRASSE?

Im Zentrum der Milchstraße sind die Sterne viele 100 × dichter zusammengepfercht als in der Nähe unserer Sonne.

Auf einem Planeten, der um einen Stern im Zentrum der Galaxie kreist, würden weit über 100000 Sterne am Nachthimmel erscheinen.

Heftige Turbulenzen im Galaxienzentrum: Große Tsunamis interstellaren Gases, ausgelöst durch Supernova-Explosionen, prallen aufeinander.

Im dunklen Milchstraßenherz, 27000 Lichtjahre von der Sonne entfernt & verdeckt durch erstickenden interstellaren Staub, verbirgt sich ...

... Sagittarius A* – ein SL mit 4,3 Mio. Sonnenmassen, ein schwarzes Monster, das Gas & auseinandergerissene Sterne verschlingt.

»Ereignishorizont« von Sagittarius A* (Bereich, wo alles unweigerlich hineinfällt) hat ~15 Mio. km Durchmesser (1/10 Entfernung Sonne – Erde).

Entstehung von Sagittarius A* unbekannt. »Supermassereiche« Schwarze Löcher aber anscheinend in der Mitte der meisten Galaxien verborgen.

Die Schwarzen Löcher im All sind zu klein (stellare)/zu weit weg (supermassereiche), um sie mit heutigen Teleskopen heranzuzoomen.

Sagittarius A* – bescheidene Größe & relativ nah – ist das einzige Schwarze Loch, bei dem realistische Abbildungschance für uns besteht.

Langbasisinterferometrie (VLBI), die Radioantennen nutzt, um ein erdballgroßes Teleskop zu simulieren, zoomt auf Sagittarius A*.

VLBI ist nur um den Faktor 2–3 entfernt, den Ereignishorizont von Sagittarius A* zu »sehen«. Großtat dürfte bald gelingen & SL beweisen.

85. WELCHE GALAXIEN SIND UNS AM NÄCHSTEN?

Die Milchstraße ist eine der größten Angehörigen eines Mini-Haufens von etwa 30 Galaxien, den Astronomen als Lokale Gruppe bezeichnen.

Einzige andere Galaxie vergleichbarer Größe in der Lokalen Gruppe ist die Andromedagalaxie, eine riesige Spirale ähnlich der Milchstraße.

Milchstraße/Andromeda sind Ausnahmen in der Lokalen Gruppe. Die anderen sind meist Zwerggalaxien mit höchstens 1/10 der Zahl von Sternen.

Andromeda ist das am weitesten entfernte Objekt, das mit bloßem Auge sichtbar ist: ein länglicher Fleck, etwa 6 × so groß wie der Mond.

Bei 2,5 Mio. Lichtjahren Entfernung sehen wir Andromeda wie zu der Zeit, als unsere Menschenaffen-Vorfahren durch die Savanne liefen.

Derzeit fällt Andromeda Richtung Milchstraße. In 2,3 Mrd. Jahren fliegt sie vorbei & ihre Gravitation beutelt die Sterne unserer Galaxie.

Danach wird Andromeda wie ein Pendel zurückschwingen: In 5 Mrd. Jahren wird sie in die Milchstraße krachen. Resultat der Kollision:

Gigantische Ellipsengalaxie namens Milkomeda. Die Sonne wird von 27 000 auf 52 000 Lichtjahre Entfernung zum Zentrum geschleudert.

Der nächste große Galaxienhaufen ist der Virgohaufen, etwa 50 Mio. Lichtjahre entfernt. Er besteht aus rund 1300 Galaxien. Genauer:

Die Lokale Gruppe ist ein entferntes Mitglied des Virgohaufens. Sie kreist in den Vorhöfen, die als »Lokaler Superhaufen« bezeichnet werden.

GALAXIEN

86. WAS SIND GALAXIEN?

Galaxien – große Sterneninseln, die im Weltall treiben – sind die Bausteine des Universums. Es gibt rund 100 Mrd. Galaxien.

Die Galaxien fliegen auseinander wie die Splitter einer kosmischen Granate nach einer gigantischen Explosion – dem Urknall (Big Bang).

Schrumpfte das Universum auf eine Kugel mit 1 km Durchmesser, nähme jede der 100 Milliarden Galaxien den Raum einer Aspirin-Tablette ein.

Manche Galaxien sind gleichförmig, andere amorphe Sternenkleckse. Am häufigsten sind aber Spiralen (wie unsere Milchstraße) & Ellipsen.

Galaxien enthalten alles von ein paar Millionen Sternen (Zwerggalaxien) bis zu mehreren Billionen (riesige Ellipsengalaxien).

Ellipsengalaxien sind wie riesige Bienenschwärme von Sternen: kugelförmig oder leicht gestreckt. Spiralgalaxien: Name spricht für sich.

Spiralgalaxien haben einen gewölbten Kern (»Bulge«) aus alten, Roten Sternen & »Spiralarme«, wo Gas in neue Sterne umgeformt wird.

Ellipsengalaxien enthalten hingegen kaum Gas. Wurde vor Äonen bei der Sternbildung verbraucht. Enthalten daher nur alte, Rote Sterne.

Verwandtschaft zwischen Spiral- & Ellipsengalaxien unklar. Kann sein, dass Ellipsengs. aus Zusammenstoß zweier Spiralgalaxien resultieren.

Manche Spiralgalaxien haben einen Balken in der Mitte, von dem Spiralarme ausgehen. Hinweise, dass Milchstraße eine Balkenspiralgalaxie ist.

Versäumnis von Douglas Adams: Hätte über (Bar-)Balken im Zentrum der Galaxie statt über Restaurant am Ende des Universums schreiben sollen!

87. WIE WURDEN DIE GALAXIEN ENTDECKT?

Im 18. Jh. waren Astronomen wie verrückt auf Kometensuche. Doch viele diffuse Flecke am Nachthimmel kann man mit Kometen verwechseln.

Für eine leichtere Kometenjagd erstellte Charles Messier 1784 einen Katalog dieses »Himmelsabschaums«. Einige seiner »Nebel« waren Galaxien.

In Birr (Irland) baute Lord Rosse 1845 das damals weltgrößte Teleskop (72 Zoll). Damit entdeckte er, dass viele Nebel Spiralform haben.

Der schönste Spiralnebel ist M51. Später bekam er die Bezeichnung »Whirlpool-Galaxie«.

Noch größere, später gebaute Teleskope zeigten, dass die Diffusität der Spiralnebel von unzähligen Sternen stammt.

Hitzige Debatte 1920: Liegen die Spiralnebel innerhalb der Milchstraße? Oder sind es separate »Inseluniversen«, weit entfernt im Raum?

Harlow Shapley war für innerhalb der Milchstraße, Heber Curtis für weit außerhalb. Die Streitfrage wurde 1922 entschieden.

Edwin Hubble erkennt mit dem 100-Zoll-Hooker-Teleskop auf dem Mount Wilson einen veränderlichen Stern (Cepheid) im Andromedanebel.

Die Periode der Lichtveränderungen von Cepheiden hängt von der absoluten Leuchtkraft ab. Hubble leitet davon ab, dass Andromeda ...

... Millionen Lichtjahre jenseits der Milchstraße liegt – wie auch die anderen Spiralnebel. Es sind separate Inseln aus Milliarden Sternen.

Hubble hatte fundamentale Bausteine des Universums entdeckt. Die Antwort »Galaxien« schob die Grenzen des Alls in völlig neue Dimensionen.

Endlich wusste die Menschheit um das wahre Ausmaß unseres Universums. Es ist unendlich viel größer, als man je geglaubt hatte.

88. WOHER WISSEN WIR, WIE WEIT ENTFERNT ANDERE GALAXIEN SIND?

Galaxien sind Grundbausteine des Universums. Somit ist die Frage, wie wir ihre Entfernung messen können, auch die nach der Größe des Alls.

Zur Entfernungsbestimmung ist eine »Standardkerze« nötig: Objekt, dessen Leuchtkraft man mit einem ähnlichen in der Nähe vergleicht.

Bei nahen Galaxien benutzen die Astronomen Cepheiden. Die Periode ihrer Helligkeitsvariation hängt mit ihrer wahren Leuchtkraft zusammen.

Ultralichtstarke Cepheiden gibt es in der Galaxie M100: Fixiert ihre Entfernung auf 56 Mio. Lichtjahre jenseits der Milchstraße.

Für größere Entfernungen müssen die Astronomen noch hellere Standardkerzen als Cepheiden finden: Supernovae vom Typ Ia.

Typ Ia: Bei Doppelsternen, wenn einer davon Materie auf superkompakten, erdgroßen »Weißen Zwerg« überträgt & ihn explodieren lässt.

Man ist weitgehend überzeugt, dass Weiße Zwerge bei der Explosion als Supernova immer genau dieselbe Leuchtkraft entwickeln.

Typ-Ia-Supernovae sind so hell, dass sie bis zum Rand des Universums sichtbar sind: Ermöglicht Entfernungsschätzung fernster Galaxien.

Kosmische Entfernungsmessungen erlauben eine Schätzung der »Hubble-Konstante«, die die heutige Expansionsrate des Universums misst.

Derzeitiger Schätzwert der Hubble-Konstante: 73 km/s/Mpc. Das bedeutet, dass eine Galaxie, die 1 Megaparsec (3,26 Mio. Lichtjahre) ...

... weiter entfernt ist als eine andere, sich aufgrund der Big-Bang-Expansion 73 km/s schneller entfernt als die nähere.

Die Verlängerung ihrer Lichtwellen (Rotverschiebung) deutet auf das Tempo einer Galaxie. Sie & Hubble-Konstante = Schätzung der Entfernung.

Aber: Entfernung besagt nicht viel. Wegen Lichtgeschwindigkeit handelt es sich immer um Position des Objekts »zu einem früheren Zeitpunkt«.

Statt auf die Distanz der Galaxie beziehen sich Astronomen lieber auf ihre Rotverschiebung – macht ihre Entfernung besser deutlich.

89. WAS SIND QUASARE?

Quasare – also quasistellare Objekte, daher Quasare: sternähnliche Lichtpunkte, die aber viel weiter weg als Sterne noch erkennbar sind.

Der Astronom Maarten Schmidt (USA/Niederlande) hat sie 1963 entdeckt. Andere hatten sie auch gesehen, aber ihre Bedeutung nicht erkannt.

Quasare müssen ungeheure Leuchtkraft besitzen, wenn sie über so schwindelerregende Weiten des Universums noch so hell scheinen.

Typ Quasar verströmt die 100-fache Energie einer normalen Galaxie (z. B. Milchstraße). Sein Volumen ist aber kleiner als das Sonnensystem!

Kernenergie viel zu schwach. Einzig mögliche Quelle: »Gravitationsenergie«, freigesetzt von Materie, die ins zentrale Schwarze Loch fällt.

Licht des Quasars wird von Materie ausgestrahlt, die, zur Weißglut erhitzt, durch eine »Akkretionsscheibe« ins Schwarze Loch wirbelt.

So etwas ist kein Schwarzes Loch mit »stellarer Masse«, sondern ein supermassereiches. Hellste Quasare: bis zu 30 Mrd. Sonnenmassen.

Lange nach Quasarentdeckung fand man Schwarm umgebender Sterne. Ein Quasar ist der superhelle Kern einer Galaxie, der alles überstrahlt.

Quasare sind nur extreme Beispiele »aktiver Galaxien«, deren Licht nicht Sternen, sondern einem supermassereichen Schwarzen Loch entspringt.

Etwa 1 % der Galaxien sind aktive Galaxien. Neben Quasaren gibt es die Typen elliptische »Radiogalaxien« & spiralförmige »Seyfert-Galaxien«.

Möglich, dass die meisten Galaxien – auch unsere – anfangs aktive (Quasar-)Phase hatten. Endete, wenn Schwarzem Loch Brennstoff ausging.

Heute existieren keine Quasare mehr. Glanzzeit war vor Mrd. von Jahren. Unsere Teleskope zeigen sie als Leuchtfeuer vom Anbeginn der Zeit.

90. BESITZEN NUR WENIGE GALAXIEN RIESIGE SCHWARZE LÖCHER?

Noch lange nach ihrer Entdeckung galten Quasare als Anomalien, als kosmische Kuriositäten ohne Verbindung zu normalen Galaxien.

Langsam wurde klar, dass die meisten, wenn nicht alle Galaxien in ihrem Zentrum supermassereiche Schwarze Löcher besitzen.

Deren Masse umfasst das Millionen- bis Milliardenfache der Sonnenmasse!

Die meisten supermassereichen Schwarzen Löcher verhalten sich still & sind, verborgen in interstellarem Staub, kaum auszumachen.

Auch die Milchstraße hat ein – jedoch bescheidenes – Schwarzes Loch: Sagittarius A* entspricht etwa 4,3 Mio. Sonnenmassen.

Wahrscheinlich hatten alle Galaxien, auch unsere, anfangs eine heftige Quasar-Phase. Die hörte auf, als der Gas-Nachschub ausblieb.

Quasare sind vielleicht aufgeflammt, weil im jungen Universum viel Nahrung vorhanden war. Dann schluckte die Sternbildung die Gase.

Damals waren die Galaxien dichter beieinander (All expandiert). Galaxien-Kollisionen könnten den Schwarzen Löchern Futter geliefert haben.

Supermassereiche Schwarze Löcher sind winzig & Galaxien riesig. Trotzdem Zusammenhang. SL macht 1/700 der zentralen Bulge-Masse aus.

Deutet auf enge Verbindung zwischen SL & Galaxien. Entweder brüteten Galaxien SL aus oder SL Galaxien. Oder beide entstanden zugleich.

Die genaue Art des Zusammenhangs zwischen Schwarzen Löchern & Galaxien ist eine weitere große offene Frage der Kosmologie.

91. WARUM GIBT ES RIESIGE SCHWARZE LÖCHER IM ZENTRUM VON GALAXIEN?

Standardbild: Zuerst bildeten sich Galaxien, später riesige Schwarze Löcher – sie sind in den meisten, vielleicht allen Galaxien zu finden.

Szenario: Zentrum der Galaxien (kleiner als heutige) voll mit Sternen. Die explodierten & hinterließen SL, die kollidierten/verschmolzen.

Im vollen, jungen Universum stießen Galaxien zusammen & bildeten größere. Dabei verschmolzen SL im Zentrum & wurden noch größer.

In den letzten 10 Mrd. Jahren sind solche supermassereichen (sm) SL weitergewachsen, haben Gas & Sterne um die Galaxien geschluckt.

Problem bei dem Szenario: Chaos, das nicht erklärt, warum Masse des zentralen SL immer 1/700 der Bulge-Masse der Galaxie beträgt.

Mögliche Antwort: »Jets«. Supermassereiche SL rotieren & schleudern oft fadendünne Materieströme von ihren Polen (Rotationsachsen) weg.

Jets wohl von gestauter Energie von Magnetfeldern angetrieben, die in superheißer Akkretionsscheibe, die um das SL wirbelt, gekrümmt werden.

Bilden sich Jets, blasen sie Gas (das Stern-Rohmaterial) weg & stoppen die Sternbildung. Erklärt eventuell das Verhältnis smSL-/Bulge-Masse.

Einige, u.a. Joe Silk (Oxford), denken, Prozess verlief umgekehrt: Galaxien schaffen keine smSL, sondern smSL schaffen Galaxien.

Silk meint, nach dem Urknall sei abgekühlte Materie zu riesigen Gaswolken (Galaxien-Vorläufer) erstarrt & dann reglos verharrt.

Die Kerne einiger davon waren so dicht, dass sie aufgrund ihrer eigenen Gravitation schrumpften & smSL bildeten. Jets setzten ein, ...

... durchliefen über Millionen Lichtjahre den Raum & wenn sie auf eine inerte Gaswolke trafen, komprimierten sie das Gas ...

... & lösten eine Serie von Sternbildungen aus – sie schufen eine neue Galaxie.

Beweis: Quasar HE0450-2958, der sich rund 23 000 Lichtjahre neben einer Galaxie im Raum befindet (etwa Abstand Sonne – Milchstraßenzentrum).

HE0450-2958 ist offenbar nicht von einer Galaxie umgeben. Der einzige bekannte »nackte Quasar« – ein smSL, das isoliert in der Leere treibt.

Aber: Jet vom nackten Quasar reicht wie ein Laserstrahl in die Galaxie. Manche meinen, dass der Quasar-Jet die Galaxie geboren hat.

92. WIESO HABEN SCHWARZE LÖCHER SO SCHNELL EINE SO IMMENSE GRÖSSE ERREICHT?

Einige der am weitesten entfernten Quasare, die kurz nach dem Big Bang entstanden, enthielten schon SL mit 10 Mrd. Sonnenmassen.

Die Existenz riesiger SL so früh in der Geschichte des Universums, hat eine schwierige Frage zur Folge: Wie wurden sie so schnell so groß?

Standardbild: In den ersten Galaxien verschmolzen SL mit interstellarer Masse zu größeren. Kollidierten Galaxien, verschmolzen ihre SL.

Dieser mehrstufige Prozess musste aber sehr schnell erfolgen, um Monster-SL bereits in den fernsten Quasaren zu erklären.

Der US-Astrophysiker Mitchell Begelman geht von einer möglichen anderen & schnelleren Entstehung supermassereicher Schwarzer Löcher aus.

Im Zentrum der Wolke, die zu einer der ersten Galaxien schrumpft, wird das Gas so verdichtet, dass sich ein SL bildet (& nicht erst Sterne).

Das SL wächst schnell, weil es von umgebendem Gas genährt wird, das rasch herangeführt wird, weil die Gaswolke immer noch schrumpft.

Szenario: Ein gigantischer glühender Gasball, den Begelman »Quasistern« nennt, mit einem SL, das verborgen in seinem Inneren wächst.

Normalerweise bläst ein größer werdendes SL mit seiner Hitze umgebendes Gas weg – was seinem Wachstum Grenzen setzt.

Das Begelman-SL kann dagegen mit Riesentempo wachsen. Wie eine Schlupfwespe in ihrer Wirtsraupe frisst es sich allmählich aus seinem Kokon.

Schließlich bläst es die letzten Fetzen Gas in der Umgebung weg: Tusch & Auftritt des voll entwickelten, gigantischen Schwarzen Lochs.

Dieses Szenario zu beweisen ist eine Herausforderung. Quasisterne müssen jedenfalls auch gewaltige Wärmemengen (Infrarotlicht) freisetzen.

Denkbar, dass sie vom James-Webb-Weltraumteleskop entdeckt werden, das im Infrarotbereich abbildet & ab 2018 eingesetzt werden soll.

93. WAS SIND DIE GRÖSSTEN GEBILDE IM UNIVERSUM?

Die 100 Mrd. Galaxien sind nicht gleichmäßig im Weltall verteilt, sondern bilden Ansammlungen – Haufen oder »Cluster« genannt.

Und ebenso wie Galaxien Cluster bilden, schließen sich auch die Galaxienhaufen wiederum zusammen – zu noch einmal größeren Superhaufen.

Die Milchstraße ist eine von rund 30 Galaxien, die die Lokale Gruppe ausmachen, welche wiederum zum lokalen Virgo-Superhaufen gehört.

Doch selbst die Superhaufen sind nicht gleichmäßig verteilt. Auch sie sind zu noch größeren Anhäufungen zusammengeschlossen.

An manchen Stellen schlängeln sich Ketten von Superhaufen durchs All, an anderen bilden Superhaufen Vorhänge oder »Wände«.

Die Sloan Great Wall hat eine Masse von rund 10000 normalen Galaxien & erstreckt sich über 1,4 Mrd. Lichtjahre.

Das ist 1/60 vom Durchmesser des beobachtbaren Alls & hat ihr einen ›Guinnessbuch‹-Eintrag als »größtes Gebilde im Universum« eingebracht.

Die Existenz großer Strukturen so bald zu Beginn des Universums wirft die Frage auf, wieso sie sich so kurz nach dem Urknall bildeten.

Große Strukturen sind riesig vergrößerte Reste zufälliger »Quantenfluktuationen« der Energie während des ersten Sekundenbruchteils des Alls.

Also: Die größten Galaxienhaufen im heutigen All wurden beim Urknall durch primordiale Strukturen gezeugt, die kleiner als Atome sind.

94. SIND DIE GALAXIEN, DIE WIR SEHEN, MÖGLICHERWEISE EINE ILLUSION?

1977 wurden mit dem Radioteleskop-Netzwerk, dessen Zentrum sich im brit. Jodrell Bank befindet, 2 erstaunlich ähnliche Quasare abgebildet.

Die 2 Quasare von Q0957+561 waren nicht ähnlich, sondern identisch. Der »Doppelquasar« war das 1. per »Gravitationslinse« ausgemachte Objekt.

Gravitationslinsen beruhen auf der Lichtablenkung durch Gravitation, die Einstein 1915 in der allgemeinen Relativitätstheorie beschrieb.

Befindet sich ein massereiches Objekt (etwa ein Galaxienhaufen) zwischen uns & einem fernen Objekt (beispielsweise einem Quasar), ...

... kann seine Gravitation das Licht des fernen Objekts ablenken/fokussieren. Es kommt zur Mehrfachabbildung, weil das Licht mehrere Wege ...

... um das dazwischen liegende Objekt nimmt. Am wahrscheinlichsten sind 5 Bilder, aber einige sind so schwach, dass sie kaum erkennbar sind.

Gravitationslinseneffekt durch dazwischen liegendes Objekt (Linse) bündelt auch das Licht des fernen Objekts – erhöht seine Helligkeit.

Eine Gravitationslinse ist so etwas wie ein Fernrohr der Natur, das die Helligkeit von Objekten verstärkt, die sonst nicht zu sehen wären.

Nahe Galaxien existieren real, sie sehen wir direkt. Bei ferneren kann leicht eine Linse dazwischen sein. Das ferne All ist also trügerisch.

Gravitationslinsen liefern nicht immer scharfe Bilder. Die Gravitation eines Galaxienhaufens verzerrt ferne Objekte zu Bögen.

Gravitationslinseneffekt kann auch genutzt werden, um dunkles, nicht direkt sichtbares Objekt zu erkennen, das als Linse fungiert.

Das Large Synoptic Survey Telescope in Chile soll mithilfe schwacher Gravitationslinsen die Verteilung vor allem Dunkler Materie aufspüren.

Teleskope wurden erfunden, um Licht abzubilden, das Large Synoptic Survey Telescope soll ironischerweise Dunkelheit darstellen!

Würde man die Sonne als G-Linse nutzen, hätte das »Gravitationsteleskop« den Brennpunkt weit jenseits von Pluto – ein bauliches Problem!

95. WIESO GELTEN TELESKOPE ALS ZEITMASCHINEN?

Licht ist zwar schnell, aber nicht unendlich schnell. Es dauert, bis es zu uns gelangt. Also sehen wir Dinge so, wie sie früher waren.

Im Alltag ist die Verzögerung vernachlässigbar, weil die Lichtgeschwindigkeit enorm ist: 300 000 km/s (Millionenfaches von Flugzeugen).

Aber das Universum ist gigantisch & die Entfernungen sind riesig. Licht von astronomischen Objekten braucht lange bis zu uns.

In der Beziehung fungieren Teleskope tatsächlich als »Zeitmaschinen«.

Wir sehen den Mond, wie er vor 1,3 s war, die Sonne wie vor 8,3 min, den nächsten Stern (Proxima Centauri) wie vor 4,2 Jahren.

Das fernste mit bloßem Auge erkennbare Objekt ist die Andromeda-Galaxie. Ihr Licht braucht 2,5 Mio. Jahre bis zur Erde.

Unmöglich zu bestimmen, wie ein Himmelskörper »jetzt« aussieht (sinnloses Konzept), sondern nur, wie er war, als das Licht ihn verließ.

Angenommen, Licht braucht 100 Jahre, um eine Straße zu überqueren. Das Haus, das wir gegenüber sehen, könnte gut längst abgerissen sein.

Das Gleiche gilt für weit entfernte Galaxien. Wahrscheinlich existieren die meisten nicht mehr. Wir sehen sie wie vor über 10 Mrd. Jahren.

Vor über 10 Mrd. Jahren existierte die Erde noch lange nicht!

Am weitesten zurück, wie wir mit Licht (in Form von Radiowellen) schauen können, sind 13,7 Mrd. Jahre, 380000 Jahre nach dem Urknall.

Dieses Licht ist »Nachglühen« des Big Bang. Vorher war das All mit Nebel gefüllt, sodass sich Licht nicht geradlinig ausbreiten konnte.

1 % des Rauschens beim Fernsehempfang ist »Nachglühen« des Urknalls – allererstes Licht. Verantwortlich für 99,9 % aller Photonen im All.

DAS UNIVERSUM

96. WIE GROSS IST DAS UNIVERSUM?

Um die Frage nach der Größe zu beantworten, muss erst geklärt werden, was genau mit »Universum« gemeint ist.

Hauptfakt: Das Universum gab es nicht immer. Es wurde geboren. Vor 13,7 Mrd. Jahren begann seine Existenz mit Riesenexplosion – Urknall.

Fakt: Geburt des Universums bedeutet, dass wir Galaxien sehen, deren Licht weniger als 13,7 Mrd. Jahre braucht, um zu uns zu gelangen.

Licht von Objekten, die weiter weg sind, ist noch unterwegs. Was wir sehen – rund 100 Mrd. Galaxien –, befindet sich in einer »Blase« ...

... im All, die, mit der Erde im Mittelpunkt, als »beobachtbares Universum« bekannt ist.

Entfernung zum Rand des beobachtbaren Universums: ~42 Mrd. Lichtjahre. Durchmesser des beobachtbaren Universums also ~84 Mrd. Lichtjahre.

Frage: Wieso 42 Mrd. Lichtjahre, wenn das All nur 13,7 Mrd. Jahre alt ist?

Antwort: Anfangs dehnte sich das Universum schneller als Licht aus (»kosmologische Inflation«). Wichtig: Nur in Einsteins spezieller ...

... Relativitätstheorie ist die Lichtgeschwindigkeit die höchste. Laut allgemeiner RT kann sich das All mit jeder Geschwindigkeit ausdehnen.

Das beobachtbare Universum hat imaginäre Grenze, den »Partikelhorizont«, der angibt, wie weit wir per Teleskop maximal vordringen können.

Partikelhorizont dem auf dem Meer ähnlich. Wir wissen, dass dahinter weiteres Wasser liegt – & mehr Universum hinter dem Partikelhorizont.

Laut »Inflationstheorie« kann sogar eine unendliche Menge Universum hinter dem Horizont liegen. Unendliches Universum!

97. WAS IST DER URKNALL?

Vor rund 13,7 Mrd. Jahren brachen Raum, Zeit, Energie & Materie mit einem gigantischen Feuerball ins Dasein hervor = Urknall.

Seither hat sich das Universum ständig ausgedehnt & die Galaxien (etwa unsere Milchstraße) erstarrten aus dem sich abkühlenden Schutt.

Geschichte: 1916 wendet Einstein seine Gravitationstheorie (allgemeine RT) auf die größte gravitierende Masse an – auf das Universum.

RT sagt ihm, dass das Universum in Bewegung sein muss. Doch Einstein hält es für statisch & übersieht die Botschaft der eigenen Gleichungen.

Wahrheit erkennen Aleksandr Friedman (1922) & Georges Lemaître (1927): Das Universum ist nicht statisch, sondern entsteht (aus dem Urknall).

Lemaître, katholischer Priester, sieht Parallelen zwischen der Geburt des Universums im Urknall-Feuerball & dem »Es werde Licht« der Bibel.

1929 entdeckt Edwin Hubble: Das All dehnt sich aus. Alle Galaxien außer den nächsten bewegen sich weg. Je entfernter, desto schneller.

Wenn die Galaxien auseinanderfliegen, waren sie früher dichter zusammen. Vor 13,7 Mrd. Jahren waren sie eins. Das war der Urknall.

Das kleinere Universum war auch wärmer (so wie komprimierte Luft). Der Urknall war also ein heißer Big Bang.

1948 entwickeln Hoyle, Bondi & Gold, die »Gleichgewichtstheorie«: Universum expandiert, aber in Lücken entsteht neue Materie, sodass ...

… der Zustand des Universums immer gleich bleibt. Ausgerechnet Fred Hoyle, der nie daran glaubte, prägte 1949 im Radio den Begriff Urknall.

Anfang der 1960er zeigen Radioteleskope Quasare im fernen Universum. Im heutigen Universum fehlen sie. Expansion stützt Urknalltheorie.

1965 entdecken A. Penzias & R. Wilson das Nachglühen des Urknall-Feuerballs, die kosmische Hintergrundstrahlung. Triumph der Urknalltheorie.

98. WO FAND DER URKNALL STATT?

Der Begriff »Urknall« führt in nahezu jeder Hinsicht zu einem falschen Bild. Insbesondere vermittelt er den Eindruck einer Explosion.

Eine Explosion, etwa von Sprengstoff, findet an einem Ort statt. Es gibt aber keinen Ort, von dem sich sagen lässt: »Hier war der Urknall.«

Mit dem Urknall brach der Raum ins Sein & begann sofort, überall zu wachsen. Das geschah überall gleichzeitig.

Etwa Rosinen in aufgehendem Kuchen: Aus der Perspektive der einzelnen Rosine entfernen sich alle anderen (unendlicher Kuchen ohne Rand!).

Galaxien im sich ausdehnenden Universum sind wie die Rosinen im aufgehenden Kuchen: Jede Galaxie entfernt sich von jeder anderen.

Im sich ausdehnenden Universum hat also jeder den gleichen Anblick. Jeder scheint im Zentrum der Explosion zu stehen (aber keiner tut's).

Bei der Sprengstoffexplosion fliegen die Splitter in einen vorhandenen Raum. Für das Universum gab es jedoch keinen vorhandenen Raum.

Der Urknall breitete sich nicht in etwas aus. Der Raum erschien einfach & alles von ihm dehnte sich weg von allem anderen aus.

Noch einmal der unendliche Kuchen: Wenn er unendlich ist, gibt es kein Außen, in das er sich ausdehnen kann. Ausdehnen bedeutet, dass alle ...

... Punkte innen auseinanderstreben. Natürlich kann es sein, dass sich der Raum zurück auf sich selbst krümmt.

Das wäre dann eine vieldimensionale Version einer Ballon-Oberfläche, & wieder kein »Außen«, in das er sich ausdehnen könnte.

Schwindlig? Bedenken: Urknall hat 4 Dimensionen (3 im Raum, 1 zeitliche) & ist so für 3-D-Wesen wie uns grundsätzlich nicht visualisierbar.

Wir können nur Momente des Urknalls erfassen, nicht seine Ganzheit. Das kann nur die mathematische Theorie der allgemeinen Relativität.

99. WOHER WISSEN WIR, DASS ES EINEN URKNALL GAB?

Das Universum dehnt sich aus, also war es früher kleiner. Sein Helium (10% der Atome) erklärt sich nur mit Anfeuerung durch Urknall.

Beweis, der uns tagtäglich begegnet: 1% des Rauschens (»Schnee«) beim Fernsehempfang stammt direkt vom Urknall.

Feuerball des Urknalls entspricht Feuerball von Wasserstoffbombe. Beim Urknall konnte sich die Wärme aber nicht in die Umgebung verteilen.

Die Wärme des Urknalls konnte nirgendwohin entweichen. Sie wurde vom Universum eingeschlossen – was per Definition alles Existierende ist.

Urknallwärme existiert noch, stark abgekühlt durch 13,7 Mrd. Jahre Universum-Ausdehnung. Nur noch 3° über absolutem Nullpunkt (–270 °C).

»Nachglühen« des Urknalls nicht sichtbares Licht, sondern Mikrowellen (& Millimeterwellen) – unsichtbares Licht, das TV-Antenne empfängt.

Urknall-Mikrowellen waren 13,7 Mrd. Jahre unterwegs, wenn sie auf die TV-Antenne treffen – zuletzt hatten sie den Urknall-Feuerball berührt.

99,9 % aller Photonen (Lichtpartikel) im Universum stammen nicht von Sternen & Galaxien, sondern vom Nachglühen des Urknalls.

Könnten wir das Universum von außen betrachten, wäre das »Nachglühen der Schöpfung« am beeindruckendsten – der gesamte Raum als Glühbirne.

Die Atmosphäre & alle kalten Objekte (auch Sie) glühen von Mikrowellen – das vorherrschende Licht im Universum ist schwer zu sehen.

Die »kosmische Hintergrundstrahlung« wurde erst 1965 & zufällig von 2 Radioastronomen an den Bell Labs in Holmdel, New Jersey, entdeckt.

Obwohl sie dachten, es wäre Mikrowellenstrahlung von Taubenkot (Nester im Hornstrahler), bekamen A. Penzias & R. Wilson den Nobelpreis.

Die kosmische Hintergrundstrahlung enthält ein unbezahlbares »Kinderbild« des Universums im Alter von 380 000 Jahren.

Stellen, wo die Strahlung wärmer/kälter als im Durchschnitt ist, zeigen erste Materiebildungen nach dem Urknall – »Keime« von Galaxien.

Für ihren Anteil beim Auffinden von »Keimen« der ersten Strukturen des Alls erhielten John Mather & George Smoot 2006 den Physiknobelpreis.

100. WAS GESCHAH VOR DEM URKNALL?

Am Anfang war das »falsche Vakuum«. Es hatte eine ungewöhnliche Eigenschaft: abstoßende Antigravitation. Also »blähte« es sich auf.

Je mehr Vakuum geschaffen wurde, umso mehr Antigravitation & umso schnellere Ausdehnung des Vakuums. Schneller & schneller.

Je mehr Vakuum geschaffen wurde, umso mehr Energie gab es auch. Energie aus Nichts – weitere ungewöhnliche Eigenschaft. Perpetuum mobile.

Doch das falsche Vakuum war instabil. Teile »zerfielen« zufällig zu »echtem« (unserem) Vakuum. Wie Blasen, die in Riesenozean entstehen.

Energie des falschen Vakuums musste irgendwohin. Schuf Materie in Blasen-Universen & erhitzte sie enorm. Folge: heiße Big Bangs!

Bei »Inflationstheorie« ist unser Universum nur 1 von vielen, auf ewig getrennt durch stetig zunehmende Ausdehnungen falschen Vakuums.

Als der Inflation der Sprit ausging, begann die normale Expansion. Im Verhältnis wie Explosion von Dynamitstange zu der von Atombombe.

Woher kam hochenergetisches falsches Vakuum? Quantentheorie erlaubt Energie, aus dem Nichts zu kommen. (Heisenberg'sche Unschärferelation).

Ev. platzte kleines Stück falschen Vakuums ins Sein/begann Ausdehnung. Inflation nicht zu stoppen: Vakuum-Wachsen schneller als Aufzehrung.

Naheliegende Frage: Woher kamen die physikalischen Gesetze (Quantentheorie), die spontane Energieschaffung aus dem Nichts erlauben?

Unendliche Rückwärtsentwicklung. Ev. nicht besser als die Behauptung, das Universum ruhe auf dem Rücken einer Schildkröte.

Was zu der Frage führt: Auf wessen Rücken steht die Schildkröte? Antwort einer Dame nach einem Astronomie-Vortrag von Bertrand Russell:

»Sehr schlau, junger Mann. Ich werd's Ihnen sagen: Da stehen lauter Schildkröten aufeinander.«

101. WIE SCHNELL DEHNT SICH DAS UNIVERSUM AUS?

Die Expansionsrate des Alls wird mit Hubble-Konstante beschrieben. Derzeit liegt sie bei 73 km/s/Mpc (1 Megaparsec = 3,26 Mio. Lichtjahre).

D. h.: Galaxie, die 3,26 Mio. Lichtjahre weiter weg ist als andere, entfernt sich aufgrund der Urknall-Expansion 73 km/s schneller.

Das Universum hat sich nicht immer im selben Maß wie heute ausgedehnt. Die Expansionsrate hat eine ziemlich bunte Geschichte.

Naive Annahme wäre, dass das Universum nach dem Urknall schnell expandierte & langsamer wird, weil die Luft ausgeht. Ist aber komplexer.

Anfangs nur Vakuum. Dehnte sich unglaublich schnell aus – verdoppelte Tempo mind. 60 × im 1. Sekundenbruchteil seiner Existenz.

Nach der Inflation schuf die ungeheure Vakuum-Energie Materie & erhitzte sie auf eine immense Temperatur. Dies war der heiße Urknall.

Nach Inflation expandierte das All in weit ruhigerem Maß & wurde durch Bremseffekt der Gravitation zwischen Galaxien allmählich langsamer.

Doch neuerdings – in letzten wenigen Mrd. Jahren – große Überraschung: Das Expansionstempo, das abgenommen hatte, legte wieder zu.

Astronomen meinen, der leere Raum enthalte merkwürdige Energie. Antigravitation dieser »Dunklen Energie« beschleunigt die Expansion.

Frage: Besteht Zusammenhang zwischen beschleunigter Expansion bei Inflation & beschleunigter Expansion von Dunkler Energie? Keiner weiß es.

Wenn die von Dunkler Energie gespeiste Expansion anhält, entfernen sich die Galaxien voneinander. In 100 Mrd. Jahren ...

... ist die Milchstraße dann die einzige Galaxie im beobachtbaren Teil des Universums.

102. WARUM IST DER HIMMEL NACHTS DUNKEL?

Als Erster stellte sich Johannes Kepler, kaiserlicher Mathematiker des Heiligen Römischen Reichs, 1610 diese Frage.

In Padua hatte Galileis neumodisches Fernrohr neue Sterne sichtbar gemacht. Kepler fragte sich: Was, wenn ewig Sterne auftauchen?

Schaut man in einen dichten Nadelwald, sieht man nichts als Bäume – ebenso sollte man beim Blick ins All nichts als Sterne sehen.

Kepler schloss: Der Nachthimmel sollte also nicht schwarz, sondern so hell wie ein typischer Stern sein. So hell wie die Sonne!

Die typischen Sterne sind aber »Rote Zwerge« – sie machen 70 % aller Sterne aus –, sodass der Himmel blutrot sein müsste.

Das Rätsel, warum der Himmel dunkel & nicht hell ist, wurde im 19. Jh. als Olbers'sches Paradoxon (nach deutschem Astronom) populär.

Edgar Allen Poe hatte plausibelste Erklärung: Vielleicht dunkel, weil Licht von weit entfernten Sternen die Erde noch nicht erreicht hat.

Entdeckung, dass das Universum endlich alt ist, stützte Poes Idee. Wir sehen nur Objekte, deren Licht weniger als 13,7 Mrd. Jahre brauchte.

Urknall löst Paradoxon aber nicht – gibt gar keins! Selbst in einem unendlich alten Universum wäre der Nachthimmel nicht hell.

Kepler nahm stillschweigend an, dass Sterne ewig leuchten & unbegrenzte Mengen Licht abgeben können. Das stimmt aber so nicht.

Selbst wenn alle Sterne des Universums all ihren Brennstoff in Licht umwandeln würden, reichte das nicht, um den Raum mit Licht auszufüllen.

Wie Badewanne mit zu wenig Wasser, um sie zu füllen. Das gilt auch fürs Universum. Die Sterne haben nicht genug Energie, um es zu füllen.

Wer hätte gedacht, dass das Dunkel des Nachthimmels 400 Jahre Rätsel aufgibt & so viel Nachdenken über Astronomie auslöst!

103. WAS IST DUNKLE MATERIE?

Keiner weiß es. Im Gegensatz zu normaler Materie (Atome) gibt sie kein Licht ab – oder zu wenig, um mit heutigen Methoden sichtbar zu sein.

Sie übertrifft die sichtbare Materie des Universums – Sterne & Galaxien – um einen Faktor zwischen 6 und 7.

Wir wissen von ihrer Existenz, weil ihre Gravitation auf die sichtbaren Sterne wirkt, sie in Bewegungen versetzt, für die mehr Materie …

… nötig ist als jene, die wir sehen können. Erster Hinweis auf »fehlende Masse«: vertikale Bewegungen der Sterne in Milchstraßenscheibe …

… zu schnell. 1932 schrieb Jan Oort das unsichtbarer Materie zu. 1934 stellte Fritz Zwicky fest, dass Galaxien in Haufen das Haufenzentrum …

… zu schnell umkreisen. Reaktion auf Gravitation unsichtbarer Materie. In den 1980ern entdeckte Vera Rubin, dass Sterne in Außenbereichen …

… von Spiralgalaxien zu schnell unterwegs sind. Müssten eigentlich wie von einem schnellen Karussell heruntergeschleudert werden.

Doch die Sterne fliegen nicht ins All, so die Astronomen, weil die Gravitation unsichtbarer »Dunkler« Materie sie festhält.

Jede Spiralgalaxie, auch die Milchstraße, ist ev. umhüllt von riesiger, kugelförmiger »Halo« aus Dunkler Materie, die Sternenmasse weit übertrifft.

Identität Dunkler Materie eines der größten Physikrätsel. Lieblingskandidat der Wissenschaft: bislang unentdecktes subatomares Teilchen.

Da Dunkle Materie überall ist, muss sie auch durch die Erde dringen. Mehrere Suchexperimente wurden in Bergwerken gestartet.

Gut möglich, dass Kandidat für Dunkle Materie im Large Hadron Collider, dem riesigen »Teilchenbeschleuniger« nahe Genf, gefunden wird.

Wer das Rätsel der Dunklen Materie löst, dem ist zweifellos ein Nobelpreis sicher.

104. WAS IST DUNKLE ENERGIE?

Sie ist unsichtbar. Sie füllt allen Raum aus. Sie hat Antigravitation, die die Ausdehnung des Universums beschleunigt.

Dunkle Energie wurde 1998 von 2 Gruppen entdeckt, eine unter Saul Perlmutter (USA), andere unter Nick Suntzeff & Brian Schmidt (Australien).

»Standardkerze« Supernovae im fernen Universum schwächer als erwartet: Entfernung muss auf mehr als normaler kosmischer Expansion beruhen.

Entgegen allen Erwartungen beschleunigt sich die Expansion (sollte langsamer werden, weil Gravitation zwischen Galaxien als »Bremse« wirkt).

Raum muss eine Art »federnden« Stoff enthalten – Dunkle Energie –, der gegen Gravitation wirkt, die alle Galaxien zueinanderführen will.

Dunkle Energie Hauptbestandteil des Universums. Verantwortlich für 73 % aller kosmischen Masse-Energie (Dunkle Materie 23 %, normale 4 %).

Unglaublich, dass Universum-Hauptbestandteil erst 1998 entdeckt wurde! Lehre für 19.-Jh.-Physiker, die ihr Fach für ausgelotet hielten.

Dunkle Energie ist sehr schwach. Wirkung akkumuliert aber. Deshalb auf der Erde nicht zu spüren, während sie im kosmischen Maßstab herrscht.

Dunkle Energie eine der unerwartetsten Entdeckungen der Wissenschaftsgeschichte. & eine der rätselhaftesten.

Die Quantentheorie hat uns Computer, Laser, Kernreaktoren, Wissen, warum die Sonne scheint & der Boden unter uns fest ist, beschert, ...

... doch wenn es darum geht, die Vakuumenergie (Dunkle Energie) vorherzusagen, liefert sie uns eine 1 mit 120 Nullen – mehr, als wir spüren.

Dunkle Energie hat die größte Diskrepanz zwischen Vorhersage & Beobachtung in der Wissenschaftsgeschichte. Stimmt da was nicht?!

Die meisten Physiker glauben, eine »große Idee« fehle. Nur wenn die jemand hat, werden wir die Dunkle Energie schließlich verstehen.

105. IST DAS UNIVERSUM PERFEKT FÜR LEBEN GESCHAFFEN?

Es scheint so, doch wir sollten hier vorsichtig sein, denn Anschein kann in der Wissenschaft trügerisch sein.

Wäre die Gravitation wenige % stärker, würde sie Sonnenkern pressen/erhitzen & Brennstoff wäre in 1 Mrd. Jahren aufgebraucht. Würde für ...

… Evolution intelligenten Lebens nicht ausreichen. Wäre die Gravitation wenige % schwächer, würde Sonnenkern nicht genug gepresst/erhitzt …

… & würde gar nicht erst brennen. Da hätte überhaupt kein Leben auf der Erde entstehen können. Ähnliches gilt für die Wechselwirkung.

Wäre sie um wenige % stärker, würde die Sonne nicht 10 Mrd. Jahre lang brennen, sondern keine Sekunde & explodieren!

Wohin wir immer in der Natur schauen, die Gesetze der Physik scheinen darauf »feinabgestimmt« zu sein, dass wir existieren.

Es bleibt die Frage, was wir daraus schließen sollen. Eine Möglichkeit, wenn auch keine wissenschaftliche:

Gott hat die Gesetze der Physik feinabgestimmt. Doch kein Hinweis, dass das Universum von übernatürlicher Kraft gelenkt wird.

Andere Möglichkeit: Es gibt viele Universen, alle mit anderen Gesetzen, & wir sind in einem, das für Leben feinabgestimmt ist.

Die auf den Kopf gestellte Idee, die Naturgesetze seien so, damit wir existieren & sie wahrnehmen, ist das »anthropische Prinzip«.

Achtung: Bislang gibt es keine »Weltformel«. Könnte zeigen, dass die Kräfte der Natur zusammenhängen & weniger Feinabstimmung da ist.

Doch in einer Beziehung – der unglaublich geringen Stärke der Dunklen Energie – scheint eine anthropische Erklärung unvermeidlich.

Die Abstoßung der Dunklen Energie muss extrem schwach sein, sonst wäre das Schrumpfen der Gaswolken zu Galaxien nicht möglich gewesen.

Und ohne Galaxien gäbe es kein Leben.

106. GIBT ES MEHR ALS EIN UNIVERSUM?

Die Natur schlägt uns fast gegen den Kopf & schreit uns zu, dass dies nicht das einzige Universum ist. Beweise kommen von vielen Seiten.

Viele verschiedene Versionen des »Multiversums«. Noch nicht klar, wie sie alle in ein nahtloses Ganzes passen. Heraufkommendes Paradigma.

Sicher wissen wir etwas über Universum jenseits des kosmischen »Horizonts«. Lt. »Inflationstheorie« unendliche Zahl von Reichen wie unserem.

Jedes Reich hatte Urknall. Doch die abkühlende Materie ist zu anderen Sternen/Galaxien erstarrt. Also jeweils andere Geschichte.

Die offenkundige Feinabstimmung der Naturgesetze darauf, dass wir existieren, legt auch nahe, dass es andere Universen mit ...

... anderen Gesetzen gibt. Der Rahmen, der viele Reiche mit unterschiedlichen Gesetzen umschließt, ist die »Stringtheorie«.

Ihr zufolge sind die Elementarteilchen vibrierende Masse-Energie-»Strings«. & die Zahl der Universen kann eine 1 mit 500 Nullen betragen.

Problem dabei: Wieso befinden wir uns in diesem hier & keinem anderen Universum?

Laut Stringtheorie hat das Universum 10 Dimensionen, was nicht nur unterschiedliche Gesetze, sondern auch andere Dimensionszahlen zulässt.

Laut Quantentheorie existieren Atome entweder in vielen parallelen Realitäten oder verhalten sich so (die meisten Physiker glauben Letzteres).

Wahrscheinlich Verbindung zwischen »vielen Welten« der Quantentheorie & Alternativgeschichten in Reichen jenseits des Universumhorizonts.

Physiker Max Tegmark glaubt sogar, dass es nicht nur 1 Multiversum, sondern eine ganze Hierarchie davon gibt, verschachtelt wie Matrjoschka.

LEBEN IM UNIVERSUM

107. WIE BEGANN DAS LEBEN?

Definition von Leben schwierig. Näherung: Leben ein sich selbst unterhaltendes chemisches System, das eine Evolution durchlaufen kann.

Keine Frage, dass Leben im Universum entstehen kann. Beim Urknall war das Universum leblos. Nun enthält es mindestens uns.

Universum begann mit Wasserstoff- (den einfachsten) & Heliumatomen (verbinden sich nicht mit anderen Atomen). Reichen nicht, ...

... um komplexe Biomoleküle zu bilden. Schwere Atome bei der Kernfusion in Sternen: besonders Kohlenstoff, Sauerstoff & Stickstoff:

Aus ihnen können sich komplexe Kohlenwasserstoffe zusammensetzen.

Solche »organischen« Moleküle, unter denen sicher Aminosäuren sind, finden sich überall im interstellaren Raum = Bausteine des Lebens.

Im Wasser, unter einem schützenden Himmel, entstanden auf der jungen Erde erste sich selbst reproduzierende Moleküle. Genaueres unbekannt.

Zuerst (wohl) einfache RNS (Ribonukleinsäure), später dann komplexe DNS (Desoxyribonukleinsäure). Erste sich teilende »Zellen« später.

Die Populationen der Organismen veränderten sich im Lauf der Zeit, weil jene mit optimalen Eigenschaften fürs Überleben ...

... den meisten Nachwuchs hinterließen. Also Evolution durch natürliche Auslese.

Leben entstand sehr schnell, sobald die junge Erde kühl genug war. Bedeutet: Der Schritt zum Leben ist leicht (aber unmöglich im Labor).

Nötig: molekulare Bausteine des Lebens, Energie, damit sie miteinander reagieren können & Lösemittel wie Wasser, in denen dies abläuft.

Die junge Erde, bombardiert mit Kometen voll von diesen Bausteinen – etwa Aminosäuren –, bot offenbar das perfekte Umfeld.

Könnte es Leben ohne Wasser geben? Vielleicht. Wasser aber häufigste Flüssigkeit im All. Einzigartige Eigenschaften, schwer zu ersetzen.

Basiert Leben immer auf Kohlenstoff? Vielleicht nicht. Kohlenstoff aber vierthäufigstes Element, 7 × mehr als Silicium (auch komplex).

108. KÖNNTE LEBEN AN ANDERER STELLE IM SONNENSYSTEM EXISTIEREN?

All ein rauer Ort. Vakuum, extreme Kälte & Hitze, tödliche UV-Strahlung, hochenergetische Partikel – alle sehr schädlich für lebende Zellen.

Zu heiß: komplexe Moleküle brechen auf. Zu kalt: Stoffwechsel zu langsam. Zudem Schutz vor Partikeln/Strahlung nötig.

Atmosphärefreie Welten wie Mond & Merkur fast sicher ohne Leben, ebenso die meisten Welten in gefrorenen äußeren Bereichen des Sonnensystems.

Einst ähnelte Mars der Erde, hatte dichtere Atmosphäre, höhere Temperaturen, Meere. Leben könnte vom Mars kommen.

Mars-Mikroorganismen könnten in Eis- oder Wassernischen im Boden, geschützt vor rauer Oberfläche, überlebt haben. Die Antwort sollte …

… künftige Mission mit Marsproben bringen. Entdeckung eines zweiten Biosystems auf dem Mars wäre wissenschaftlich extrem bedeutsam.

Bakterien könnten in bestimmten Tiefen in der dicken Venus/Jupiteratmosphäre überleben. Aber schwer vorstellbar, wie Leben dort begann.

Jupitermond Europa besitzt eisbedecktes Meer, Energiequelle (Tiden vom Planeten), Biomoleküle von Kometen. Sogar komplexes Leben möglich!

Dies könnte auch für Jupitermond Ganymed sowie Saturnmonde Enceladus & Titan gelten. Schwierig & teuer, das vor Ort zu überprüfen.

»Extremophile« (Bakterien in Stein, Dunkelheit, sehr heißem Wasser etc.) legen nahe: Leben ev. an vielen Orten im Sonnensystem möglich.

Bislang wurde aber nichts gefunden. Erde immer noch der einzige Ort im ganzen Universum, von dem Leben bekannt ist. Ernüchternd.

109. KÖNNTE DAS LEBEN AUS DEM ALL GEKOMMEN SEIN?

Nicht unwahrscheinlich. Der nahe Mars etwa. Kleiner als die Erde. Kühlte sich nach der Entstehung rascher aus dem flüssigen Zustand ab.

Beweise für ausgetrocknete Meere & Flüsse auf der Marsoberfläche. In den ersten 500 Mio. Jahren dürfte Mars Eden gewesen sein.

Leben könnte dort entstanden sein. Hinzu kommen Marsmeteoriten auf der Erde: Bei starken Einschlägen gelöst & später von Erde eingefangen.

Möglichkeit also, dass die Erde mit Mikroorganismen »befruchtet« wurde, die in Marsmeteoriten kamen. Wir könnten alle Marsmenschen sein!

Eine Übertragung zwischen Planeten – »planetarische Panspermie« – gilt als ziemlich gut möglich, die zwischen Galaxien ist kontrovers.

C. Wickramasinghe & F. Hoyle untersuchten Licht entfernter Sterne, das von Wolken absorbiert wurde: Absorptionsmuster entsprach Bakterien.

Die beiden vertraten die umstrittene These, dass Gaswolken zwischen den Sternen Friedhöfe zahlloser abgestorbener Bakterien seien.

Bilden sich Sterne & Planeten aus solchen Wolken, überleben Bakterien in temporär flüssigen Kometenkernen. Einige erwachen & vermehren sich.

Gerät Komet ins Sonnensystem, kann er Bakterien auf Planetenoberfläche, etwa der Erde, bringen. Nicht Marsmenschen, Sternenkinder sind wir!

»Interstellare Panspermie« würde erklären, wieso Leben auf der Erde so schnell entstand, es aber nicht möglich ist, es im Labor zu erzeugen.

Haben Wickramasinghe & Hoyle recht, ist Leben kosmisches Phänomen. Überall in der Galaxie werden wir Leben wie unseres auf DNS-Basis finden.

Extremerer Gedanke: Francis Crick & Leslie Orgel spekulierten, dass Leben auf der Erde & in ihrer Galaxie planvoll von ETs »gesät« wurde.

110. IST UNSER SONNENSYSTEM EINZIGARTIG?

Sonnensystem hat eine geordnete Struktur: Alle Planeten umkreisen Sonne in derselben Richtung, nahezu auf der gleichen Ebene. Wohl seiner ...

... Entstehung geschuldet. Führte zur »Nebularhypothese« von Philosoph Immanuel Kant (1724–1804) & Astronom Pierre-Simon Laplace (1749–1827).

Vorstellung: Planeten bildeten sich aus flacher Materiescheibe, die um junge Sonne wirbelte. Frage: Geschah das auch bei anderen Sternen?

Infrarot-Satellit IRAS entdeckte in 1980ern Sterne mit überschüssiger Wärme (infrarot), wohl aufgrund von sie umgebenden Staubscheiben.

Beim 63 Lichtjahre entfernten Stern Beta Pictoris wurde die Scheibe auch vom Boden aus beobachtet: Enthält wohl Staubkörnchen/Kiesel.

In 1990ern fand Hubble-Teleskop protoplanetare Scheiben um entstehende Sterne im Orionnebel. Scheiben erwiesen sich als häufig.

Protoplanetare Staubscheiben sind leichter zu entdecken als fertige Planeten: Streuen Licht des Sterns & glühen infrarot (Wärme).

Sehr junge Sterne können von echten protoplanetaren Scheiben umgeben sein, ältere haben Schuttscheiben (von Kollisionen größerer Körper).

Manche Scheiben sind stumpf, sind in Mitte leer, haben Abstände, wohl durch Gravitation größerer Körper, wie bei den Saturnringen.

Computersimulationen zeigen, dass Gas & Staub in flacher, rotierender Scheibe zu größeren Körpern & schließlich Planeten akkumulieren.

Alles deutet also darauf hin, dass unser Sonnensystem nicht einzigartig ist, auch wenn andere Planetensysteme ev. nicht so geordnet sind.

111. WAS IST EIN EXOPLANET?

»Exo« bedeutet »außerhalb«, also außerhalb des Sonnensystems. Planeten im Sonnensystem umkreisen die Sonne, Exoplaneten andere Sterne.

Zahl der Planeten im Sonnensystem: 8. Zahl bekannter & bestätigter Exoplaneten (Herbst 2012): rund 850.

Exoplaneten sind schwer auszumachen. Sie sind klein, dunkel, nah an ihrem Zentralgestirn & reflektieren nur kleine Menge Licht des Sterns.

Direkte Entdeckung von Exoplaneten nahezu unmöglich – eher durch den indirekten Einfluss auf ihre Zentralgestirne.

Gravitation des kreisenden Exoplaneten lässt Stern schwanken. Kaum am Himmel zu sehen (Astrometrie), aber leicht am Sternenlicht zu messen.

Stern bewegt sich abwechselnd auf uns zu & weg von uns. Folge: leichter period. Wechsel bei der Wellenlänge seines Lichts (Doppler-Effekt).

Das lässt Umrundungszeit, Größe des Orbits & (wenn die Masse des Sterns bekannt ist) die Mindestmasse des Planeten erkennen.

Der 1. Exoplanet, der einen sonnenähnlichen Stern umkreist, wurde so 1995 gefunden: 51 Pegasi b (von Schweizer Team unter Michel Mayor).

Alternative: Sehen wir den Orbit seitlich, lassen sich die regelmäßigen Durchgänge vor dem Zentralstern sehen, der dabei etwas dunkler ist.

Ist die Größe des Sterns bekannt, vermittelt die Helligkeitsabnahme die Planetengröße. Zusammen mit Masse (Doppler-Methode): seine Dichte.

Um seitl. Blick auf Orbit zu finden, müssen viele Sterne geprüft werden. Macht NASA-Kepler-Weltraumteleskop. Bislang über 1200 Kandidaten.

Wunschtraum: erdähnlicher Exoplanet in erdähnlichem Orbit um sonnenähnlichen Stern. Könnte Leben haben. Kepler könnte ihn bald finden.

112. WELCHES SIND DIE MERKWÜRDIGSTEN EXOPLANETEN, DIE BISLANG GEFUNDEN WORDEN SIND?

Fast alle bisher gefundenen Exoplaneten sind auf eine oder andere Weise merkwürdig. Sie zeigen eine verwirrende Vielfalt von Eigenschaften.

Die ersten (1992) entdeckten Exoplaneten umkreisen einen Pulsar. Herkunft unklar. Kein Leben möglich wegen der Röntgenstrahlung des Pulsars.

Die ersten Planeten bei sonnenähnlichen Sternen waren »Hot Jupiters« – massereicher als Jupiter, aber näher an ihrem Stern als Merkur.

Hot Jupiters sind leichter zu finden: Massereiche Planeten mit engem Orbit bewirken stärkere Sternschwankungen. Hunderte jetzt bekannt.

Heißester Exoplanet: WASP-12b, 2240 °C. Könnte langsam verdampfen, wie Riesenkomet. Verdampfen bei Planet HD 209458b schon beobachtet.

Kleinster Orbit: GJ 1214b (2,1 Mio. km). Kürzeste Umlaufzeit: 55 Cancri e (17:40 h). Manche Planeten haben stark geneigte/gestreckte Orbits.

Viele Sterne haben Systeme mit 2 oder mehr Planeten. 55 Cancri hat 5 Planeten, Gliese 581 & Kepler-11 haben jeweils 6.

Kepler-Weltraumteleskop entdeckte sogar System mit 2 Planeten, die denselben Orbit haben, einer kreist 60° hinter dem anderen.

Manche Gesteinsplaneten so heiß, dass ihre Oberfläche flüssig ist. Andere ev. komplett mit Wasser bedeckt & haben heiße Dampfatmosphäre.

CoRoT-7b & Kepler-10b sind Gesteinsplaneten, etwas größer & schwerer als die Erde. Beide so dicht an ihrem Stern, dass es Lavaplaneten sind.

Gliese 581g ist größer. Sein Orbit ist klein, aber sein Stern ist ein kühler Roter Zwerg – es könnte also Meere & Seen auf ihm geben.

Theorie, dass manche Exoplaneten nur aus Kohlenstoffkomponenten oder Eisen/Nickel bestehen, andere aus Gestein ohne Metallkern.

Extrasolare Systeme unterscheiden sich sehr vom Sonnensystem. Ein Planet wie die Erde, mit Meeren & Leben, der ...

... um einen sonnenähnlichen Stern kreist, könnte also doch etwas Seltenes sein.

113. GIBT ES IRGENDEINE FORM, IN DER WIR MIT AUSSERIRDISCHEN ZIVILISATIONEN KOMMUNIZIEREN KÖNNEN?

Im 19. Jh. wollte man Bäume in geometrischen Mustern pflanzen/große Feuer in der Sahara entzünden, um mit Marsmenschen zu kommunizieren.

1959 erklärten Giuseppe Cocconi & Philip Morrison in einem ›Nature‹-Artikel, 21-cm-Radiowellen seien ideal für interstellare Kommunikation.

Ein Jahr später startete Frank Drake das Projekt Ozma. Er suchte die Sterne Epsilon Eridani & Tau Ceti nach künstlichen Funksignalen ab.

Seit 1960 wurde die Suche nach außerirdischer Intelligenz (SETI) immer mehr verfeinert. Aber immer noch kein ET-Signal aufgefangen.

Wir haben Botschaften per Raumsonde – *Pioneer*-Plaketten & *Voyager*-Datenplatten – & kodierte Funkbotschaften zu anderen Sternen geschickt.

Radio- & TV-Sendungen haben die Erde zum »natürlichen« Sender starker künstlicher Radiowellen gemacht. Könnten von ETs empfangen werden.

Per SETI@home-Projekt kann sich jeder an der Suche beteiligen. Astronomen haben auch sichtbare Wellenlängen abgesucht (Optisches SETI).

Kommunikation im herkömmlichen Sinn ist unmöglich: Selbst beim nächsten Stern würden zwischen Frage & Antwort 8 Jahre vergehen.

Sprache ist auch ein Problem. Mathematiker haben »Universalsprachen« erfunden, die Außerirdische begreifen könnten, wenn sie es probierten.

SETI-Erfolgschance hängt ab von Zahl erdähnlicher Planeten, Häufigkeit von Leben/Intelligenz etc. Diese Faktoren umfasst »Drake-Gleichung«.

Das »unheimliche Schweigen« (so Paul Davies) könnte bedeuten, dass außerirdische Zivilisationen selten sind/ nicht existieren.

Wir könnten eine Anomalie sein!

Die SETI-Wissenschaftler stecken fest. Wenn man nicht sucht, findet man sicher nichts. Und: 50 Jahre sind bloß ein kosmisches Blinzeln.

114. HATTEN WIR BEREITS BESUCH VON AUSSERIRDISCHEN?

In ›2001: Odyssee im Weltraum‹ graben die ETs »Babyfon« auf dem Mond ein, das sie warnen soll, wenn Menschheit überlebt & sich ins All wagt.

Falls es in der Milchstraße je Raumfahrer-ETs gab, besteht eine hohe Wahrscheinlichkeit, dass sie unser Sonnensystem besucht haben.

Enrico Fermi, ital.-amerik. Physiker, der 1942 an der Uni Chicago auf stillgelegtem Squash-Feld den 1. Atomreaktor baute, führt aus:

Beste Art, Galaxie zu erkunden, ist per »selbstreproduzierende Sonden«. 1 fliegt zum nächsten Stern, baut dort aus Ressourcen 2 Kopien ...

Solche Raumsonden können die Galaxie wie Virus »infizieren«. Nur einige zig Mio. Jahre nötig, um alle Sterne der Milchstraße zu besuchen.

Um alle Milchstraßen-Planetensysteme zu erreichen, wären also nur etwa 0,1 % der 10 Mrd. Jahre nötig, die unsere Galaxie besteht.

»Fermi-Paradoxon«: Wenn ETs in der Milchstraße existieren, müssen sie unseren Weg gekreuzt haben. Doch, so Enrico: »Wo sind sie?«

Manche sagen: Keine ETs, weil unsere Zivilisation die Erste ist. Wir sind zur kosmischen Einsamkeit verdammt, keiner wird mit uns reden.

Andere Möglichkeiten: Killer-ETs löschen entstehende Raumfahrer-Zivilisationen wie uns aus/Wir befinden uns in »Kinderstube«, tabu für ETs.

Aber: Das Fehlen von Beweisen ist kein Beweis für das Fehlen. Wetter/Geologie können Beweise für ET-Besuch auf der Erde zerstört haben.

In einer toten Welt wie dem Mond können ET-Artefakte eher die Äonen überdauern – genau wie der Monolith in ›2001: Odyssee im Weltraum‹.

Orbit unseres äußersten Planeten umschließt 200 Mrd. Mrd. Mrd. km^3. Haben nicht genug erforscht, um zu sagen: Keine ETs da gewesen.

DIE GESCHICHTE DER ASTRONOMIE

115. WER WAREN DIE ERSTEN ASTRONOMEN?

Astronomie = älteste Wissenschaft. Sagen Astronomen. Erste Astronomen: Menschen der Frühzeit, die überlegten, was Sonne, Mond & Sterne sind.

Die Bewegungen der Sonne lieferten die Uhr, die monatlichen Mondphasen & der Jahreszeitenrhythmus den Kalender, die Sterne Ortsbestimmungen.

Geritzter Tierknochen (Frankreich, 30000 v. Chr.) ev. 1. Mondkalender, Höhlenmalereien in Lascaux (15 300 v. Chr.) zeigen ev. Sternbilder.

Stonehenge, erbaut 3100–1600 v. Chr., war Observatorium für Jahreszeiten. Zur Sommersonnenwende geht Sonne heute noch über Heel-Stein auf.

In allen Kulturen wurden Himmelskörper mit Göttern gleichgesetzt. Aus ihren Bewegungen meinte man die göttlichen Pläne erkennen zu können.

Resultat: Astrologie – der Aberglaube, dass das Geschehen auf der Erde von Himmelsereignissen gesteuert wird. Viele glauben das weiterhin.

Sonnen- & Mondfinsternisse, Planetenkonjunktionen, Meteorschauer oder Kometen wurden als Vorzeichen für Kriege oder Hungersnöte angesehen.

Die Himmelskörper spielen in allen Kulturen eine Rolle bei den Schöpfungsmythen. Jahrtausende war Astronomie eng mit Religion verbunden.

Gemeinsam war den ersten Astronomen die Ansicht, die Erde sei der Mittelpunkt des Universums. Wenn Sie zum Himmel blicken, verstehen Sie es.

116. WAS WUSSTEN DIE FRÜHEN ZIVILISATIONEN ÜBER DAS UNIVERSUM?

Nicht viel. Genauer: So viel, wie Sie wissen, wenn Sie sich neugierig umschauen, aber weder optische Hilfe noch Vorwissen besitzen.

Für die Ägypter war die Erde flach, die Himmelsgöttin Nut beugte sich über Erdgott Geb & der Sonnengott Ra fuhr im Boot über Nuts Körper.

Der helle Stern Sirius gehörte zur Göttin Isis. Wichtig für den Ackerbau: Sein Wiedererscheinen im Juni kündigte die Nilschwemme an.

Die Pyramiden sind nach den Himmelsrichtungen ausgerichtet, dienen aber keinen Beobachtungen. Orion-Bezug des Grundrisses stimmt wohl nicht.

Die Babylonier bauten Tempeltürme (Zikkurate) zu religiösen Zwecken & zur Sternbeobachtung. Hinterließen uns Keilschrift-Aufzeichnungen.

Älteste Verzeichnisse: Mondfinsternis vor 2000 v. Chr., 21-Jahre-Beobachtung der Venus (Ischtar genannt) als Morgen- & Abendstern.

Über die Jahrhunderte entdeckten sie das zyklische Auftreten von Ereignissen wie Planetenbewegungen & Finsternissen: Vorhersagen möglich.

Die Babylonier hinterließen uns auch die Aufteilung des Tages in 24 Stunden, des Kreises in 360 Grad & des Tierkreises in 12 Bilder.

In China & Korea beobachteten Hofastronomen die Himmelserscheinungen. Viele Berichte über Kometen & »Gaststerne« (Supernovae) erhalten.

Keine dieser Kulturen versuchte, die Mechanismen hinter den Himmelserscheinungen zu erklären. Himmelskörper waren erdentrückt/himmlisch.

117. WIE SAH DAS GRIECHISCHE WELTBILD AUS?

Die Griechen wussten viel mehr. Thales v. Milet sagte Sonnenfinsternis am 28. Mai 585 v. Chr. voraus (beendete Krieg zwi. Medern & Lydern).

~500 v. Chr. folgerte Parmenides, dass die Erde eine Kugel ist. Grund: Bei Mondfinsternis ist der Erdschatten rund – nur bei Kugel der Fall.

Mathematik & Geometrie von Pythagoras & Platon legten Basis für griech. Weltbild. Kugel & Kreis als Idealformen, wichtige Rolle für Zahlen.

Platon-Schüler Aristoteles (384–322 v. Chr.): Die Erde ist von unsichtbaren Kristallkugelschalen umgeben, die die Himmelskörper tragen.

Aristarchos v. Samos (310–230 v. Chr.) berechnete: Die Sonne ist 19 × weiter als der Mond entfernt. Falsch, aber Respekt für den Versuch.

Eratosthenes von Kyrene (276–194 v. Chr.) berechnete anhand von Sonnenbeobachtungen in Alexandria & Assuan den Erdumfang ziemlich genau.

Hipparchos von Nicäa (190–120 v. Chr.) beobachtete die langsame Richtungsänderung der Erdachse & erstellte einen Sternkatalog (~800 Sterne).

Griech. Weltbild: Erde ist von 7 »Planeten« (Mond, Merkur, Venus, Sonne, Mars, Jupiter, Saturn) & äußerer Sphäre mit Fixsternen umgeben.

Das geozentrische Weltbild wurde von Claudius Ptolemäus (Alexandria, 90–168 n. Chr.) verfeinert/ausgeweitet. Er nahm Epizykel an, um die ...

... beobachteten komplexen Planetenbewegungen zu erklären: Planet bewegt sich auf Epizykel, das leere Epizykel-Zentrum umkreist die Erde.

Und die Erde konnte auch leicht außermittig im Planetenkreis stehen. Letztlich benötigte Ptolemäus Dutzende von Epizykeln & anderen Tricks.

Um 150 n. Chr. veröffentlichte er seine Vorstellung von Planetenbewegungen, Finsternissen etc. in der 13-bändigen Sammlung zur Mathematik, ...

... die heute als ›Almagest‹ bekannt ist. Enthalten ist auch ein Katalog von 1022 Sternen & 48 Sternbildern, der heute noch gültig ist.

118. WIE ÜBERLEBTE DAS GRIECHISCHE WISSEN DIE DUNKLEN JAHRHUNDERTE?

Ptolemäus' Vorstellung eines geozentrischen Universums, bei dem Sonne, Mond & Planeten um die Erde kreisen, hatte 1400 Jahre Bestand.

In Europa herrschten da intellektuell dunkle Zeiten. Das griech. Erbe wurde aber von arabischen Astronomen am Leben gehalten & verbessert.

Islam. Goldenes Zeitalter (Blüte v. Kunst & Wissenschaft, vor allem an muslim. Höfen): 8. Jh. bis 1258 (Zerstörung v. Bagdad durch Mongolen).

Kalif Harun al-Raschid (763–809) ließ griech. Texte ins Arab. übersetzen. Das Ptolemäus-Buch wurde als ›Almagest‹ (»Das Größte«) bekannt.

Viele Sterne haben arab. Namen: Aldebaran (Nachfolger), Beteigeuze (Achsel d. Riesin), Deneb (Schwanz d. Henne), Altair (fliegender Adler).

Persischer Astronom Abd ar-Rahman as-Sufi (903–986) veröffentlichte ›Buch der Fixsterne‹, entdeckte Andromeda-Galaxie & Große Magell. Wolke.

Al-Biruni (973–1048) war ein großer Beobachter. Erfand astronom. Instrumente, widerlegte Astrologie, sagte sogar: Erde umkreist die Sonne.

Az-Zarqali (1029–1087) lebte im maurischen Toledo (Spanien). Erstellte Tabellen zur Berechnung der Sonnen-, Mond- & Planetenpositionen.

Arabische Bücher aus der Bibliothek von Toledo, darunter ›Almagest‹, wurden ~1175 von Gerhard von Cremona & and. ins Lateinische übersetzt.

So standen alte arabische, griech. & jüdische Texte zu Astronomie, Mathematik & Medizin erstmals im 12. Jh. europ. Gelehrten zur Verfügung.

Die arabische Astronomie entwickelte sich derweil weiter ...

Ulugh Beg (1396–1449) ließ das Observatorium von Samarkand bauen & machte mit bloßem Auge sehr genaue Messungen.

119. WIESO ENDET DER MAYA-KALENDER 2012?

Fakt 1: Die Welt ist nicht am 21.12.2012 untergegangen. Kollidierende Planeten, Riesenüberschwemmung, Supersonnensturm: Fehlanzeige.

Fakt 2: Im alten Maya-Kalender endet der Große Zyklus von 13 Baktun (je 144 000 Tage) an diesem Tag. Das Ende der »Vierten Welt«.

Laut Maya-Glauben endeten 3 frühere Welten auf ähnliche Weise. Doch heutige Maya (in Guatemala) waren deshalb ganz & gar nicht besorgt.

Die Maya-Kultur hatte ihren Höhepunkt um 900 n. Chr. & bestand bis zur spanischen Eroberung im 16. Jh.

Die Maya hatten ein komplexes Zahlensystem & eine hieroglyphenähnliche Schrift. Ihre Tempel könnten zugleich Observatorien gewesen sein.

Sie kannten »dunkle Sternbilder« (Staubwolken in der Milchstraße): etwa Kondor, Jaguar, Lamajunges.

Da sie südl. vom Wendekreis des Krebses lebten, passierte die Sonne den Zenit 2 × im Jahr. Wichtige Kalenderdaten, wie 1. Plejaden-Sichtung.

Auch großes Interesse am hellen Planeten Venus mit seinen Zyklen von 584 Tagen & 8 Jahren. Ansonsten wenig Kenntnisse in Astronomie.

Neben Tzolkin & Haab (religiöser & weltlicher Kalender) gab es die Lange Zählung für historische Zwecke. Entwickelt im 5. Jh.

Lange Zählung: 1 Baktun = 20 Katun, 1 Katun = 20 Tun, 1 Tun = 18 Uinal, 1 Uinal = 20 Kin, 1 Kin = 1 Tag. 1 Baktun also = 144 000 Tage.

Der letzte große 13-Baktun-Zyklus (~5125 Jahre) begann am 11. August 3114 v. Chr. & endete am 21. Dezember 2012: Beginn eines neuen Zyklus.

Für den Kosmos bestand kein Grund, sich dem Kalender einer irdischen Kultur zu unterwerfen. Der 22.12.2012 war ein Samstag wie jeder andere.

120. WER BRACHTE DIE VORSTELLUNG EINES HELIOZENTRISCHEN UNIVERSUMS AUF?

Nikolaus Kopernikus (1473–1543) revolutionierte die Astronomie mit dem heliozentrischen Weltbild. Schaffte das ptolemäische Modell ab.

Kopernikus war aber nicht der Erste. Aristarchos spielte mit der Idee, ebenso al-Biruni. Kopernikus kannte Aristarchos-Werk wohl.

Geboren als Niklas Koppernigk in Thorn. Sein Vater starb, als Niklas 10 war. Aufgewachsen bei seinem Onkel Lucas Watzenrode, einem Bischof.

Kopernikus studierte Astronomie, Theologie, Kirchenrecht & Medizin an den Unis Krakau (Polen), Bologna & Padua (beide Italien).

Zurück in Polen wurde er 1497 zum Kanoniker der Domschule in Frombork ernannt. Genug Zeit, über heliozentrisches Universum nachzudenken.

Um 1530 vollendete er das Manuskript seines Buches ›De Revolutionibus Orbium Coelestium‹ (»Über die Umschwünge der himmlischen Kreise«).

1539, Kopernikus war 66, überredete ihn sein 25-jähriger Schüler Georg Joachim Rheticus zur Veröffentlichung & fand einen Drucker.

Das Buch wurde 1543 in Nürnberg gedruckt. Der Legende nach erhielt Kopernikus das 1. Exemplar am 24. Mai, dem Tag seines Todes.

Kopernikanisches Weltbild: Merkur, Venus, Erde, Mars, Jupiter & Saturn kreisen um die Sonne. Jenseits von Saturn: Sphäre der Fixsterne.

Trotzdem brauchte Kopernikus noch Dutzende Epizykel – just wie Ptolemäus. Wieso? Er hielt am griech. Ideal perfekter Kreisorbits fest.

Sein Grab im Dom zu Frombork wurde 2005 wiederentdeckt & 2008 bekannt gemacht. Am 22. Mai 2010 wurde er ein 2. Mal feierlich beigesetzt.

121. WANN WURDE DIE ASTRONOMIE ZUR ECHTEN WISSENSCHAFT?

Die europ. Astronomen begrüßten das heliozentrische Weltbild von Kopernikus. Doch die Bewegungen mancher Planeten, besonders von Mars, ...

... mussten noch erklärt werden. Johannes Kepler (1571–1630) löste das Problem 1609 anhand von Beobachtungen seines Tutors Tycho Brahe:

Die Umlaufbahnen der Planeten sind elliptisch, nicht kreisförmig.

Galilei (1564–1642) veröffentlichte als Erster Fernrohr-Ansichten des Himmels. Phasen von Venus & Jupiter-Monden stützten heliozentr. Bild.

1687 veröffentlichte Isaac Newton (1642–1727) ›Philosophiae Naturalis Principia Mathematica‹ mit seinem universellen Gravitationsgesetz.

Fazit: Fallender Apfel unterliegt demselben Gesetz wie kreisende Planeten. Newton lieferte physikal. Basis für Keplers Planetenbewegungen.

18.-Jh.-Entdeckungen: Periodizität von Kometen, »echte« Bewegung von Sternen, Positionswechsel (Aberration) der Sterne durch Erdumlauf.

Größere Teleskope enthüllten mehr Sterne, Nebel & am 13. März 1781 einen neuen Planeten: Uranus. Entdeckt von William Herschel (1738–1822).

Erster Asteroid: 1801. Entfernung von Sternen: 1838. Spiralnebel: 1845. Neptun: 23.9.1846. Sonneneruptionen: 1859. Jh. der Entdeckungen.

Neue Methoden: Fotografie & Spektroskopie (Zerlegung v. Sternenlicht). Führten zu »Astrophysik«, Studium d. phys. Beschaffenheit v. Sternen.

Die wahre Natur der Spiralnebel (Galaxien), Expansion des Alls, Energiequelle von Sonne & Sternen wurden zwischen 1920 & 1940 entdeckt.

Derzeitige Meinung: Menschheit Teil des grandiosen, miteinander verbundenen Universums. Wir sind aus Sternenmaterial geschaffen.

Ohne eine vorangegangene kosmische Evolution würde es uns nicht geben.

DAS TELESKOP

122. WER ERFAND DAS TELESKOP?

Unsicher. Erste primitive Fernrohre gab es wohl Ende des 16. Jh., ev. sogar früher. Allerdings von sehr schlechter Qualität.

1. Erwähnung des Teleskops (»Röhre, um in die Ferne zu sehen«) im Patentantrag vom 25.9.1608 des niederländ. Brillenmachers Hans Lipperhey.

Lipperhey ~1570 im dt. Wesel geboren. Lebte/arbeitete in Middelburg (Zeeland). Hafenstadt mit berühmter Glasherstellung. Gut fürs Geschäft.

Am 2.10.1608 führte Lipperhey sein Instrument Prinz Mauritz & dem Parlament in Den Haag vor. Der Prinz war begeistert. Hauptgrund ...

... Krieg Vereinigte Niederlande/Spanisches Königreich. Fernrohr auf Turm konnte Feindestruppen eher ausmachen. Auch auf See nützlich.

Andere erklärten sich auch zum Erfinder: Zacharias Janssen (ebenf. Brillenmacher in Middelburg) & Wissenschaftler Jacob Metius aus Alkmaar.

Folge: Patent wurde nie erteilt. Dank Lipperheys Vorführung verbreitete sich die Kunde von der Erfindung aber schnell in ganz Europa.

Im Sommer 1609 zeichnete der engl. Astronom Thomas Harriot erste Fernrohr-Bilder vom Mond. Nicht veröffentlicht, erst im 20. Jh. entdeckt.

Nicht viel später hörte der ital. Physiker/Astronom Galileo Galilei von der niederl. Erfindung. Rasch baute er viel bessere Fernrohre.

Galilei entdeckte Mondberge, Sonnenflecken, Jupitermonde, Venusphasen, Saturn-»Ohren« (entpuppten sich als Ringe) usw.

Galileis Veröffentlichung seiner Entdeckungen in ›Sidereus Nuncius‹ (»Sternenbote«, März 1610) = Geburtsstunde moderner Fernrohr-Astronomie.

Danach wurde Fernrohr immer mehr verbessert, insb. von Johannes Kepler (Deutschland) & Christiaan Huygens (Niederlande). Mehr Entdeckungen.

123. WIE FUNKTIONIERT EIN FERNROHR/ TELESKOP?

Fernrohr bündelt Sternenlicht im Brennpunkt. Linse im Auge tut das auch, aber Fernrohr sammelt mehr Licht: Bilder heller & detailreicher.

Die 1. Fernrohre hatten 1 konvexe Linse. Glas beugt oder »bricht« Licht, daher auch die Bezeichnung »Refraktor« für Linsenfernrohre.

Gutes Beispiel: Brennglas. Linse bündelt das Sonnenlicht. Im Brennweitenabstand ist die Intensität hoch genug, um Papier etc. zu entzünden.

Linse schafft ein kleines Abbild der Sonne/sonstigen Lichtquelle auf der Brennebene. Lässt sich leicht mit Lupe & Schreibtischlampe prüfen.

Fernrohr-Linse schafft auch Bild des betrachteten Objekts auf Brennebene. Um Details zu sehen, ist Vergrößerungsglas (Okular) nötig.

Fernrohr hat also 2 Hauptelemente: Objektiv-Linse, um Licht zu bündeln, Okular, um Bild zu betrachten. Üblicherweise an den beiden Enden.

Nachteil des Fernrohrs: Brennpunkt ist bei den verschiedenen Farben leicht verschoben: Regenbogenring um Sterne (chromatische Aberration).

1668 erfand Isaac Newton das Spiegelteleskop. Hat statt Linse konkaven Spiegel als Objektiv, um Sternenlicht zu bündeln – keine Farbfehler.

Teleskopspiegel ist hohl wie Kosmetikspiegel. Bildet auch Lichtquelle auf Brennebene ab. (Probieren Sie es mit Spiegel & Badezimmerlampe.)

Weitere Spiegelvorteile: Benötigt 1. nur 1 perfekt geschliffene Oberfläche, 2. biegen sich größere Spiegel nicht durch (Stütze von hinten).

Alle großen Teleskope haben also Spiegel. Größtes Fernrohr – mit 102-cm-Linse – wurde 1897 im Yerkes Observatorium bei Chicago gebaut.

Zusätzliche kleine flache Spiegel können Sehkomfort erhöhen. Hauptprinzip des Teleskops aber: Objektiv + Okular (bzw. Kamera).

Teleskop benötigt Stativ für die Stabilität & sollte idealerweise Stern verfolgen können, wenn die Erdrotation seine Position verschiebt.

Parallaktische Montierung: leichtes Folgen, aber sperrig. Azimutale Montierung: kompakt, aber Computer nötig (um 2 Achsen zu folgen).

124. WIESO GILT BEI TELESKOPEN IMMER DIE FORMEL GRÖSSER = BESSER?

Geht nicht um maskulines Meiner-ist-größer-als-deiner. Größere Linsen/Spiegel zeigen mehr Details & lichtschwächere Objekte auf.

Pupille, durch die Licht in unser Auge dringt, ist winzig (max. 5 mm). Ein Stern muss also viel Licht aussenden, um die Netzhaut anzuregen.

Wäre die Pupille viel größer, könnte das Auge mehr Licht aufnehmen & schwächere Sterne sehen. Das Teleskop ist eine größere Pupille.

Beispiel leere Weinflasche im Regen: Dauert ewig, bis sie voll ist. Steckt man Trichter darauf, geht es viel schneller.

Größere Linse/größerer Spiegel nimmt mehr Sternenlicht auf, kann also schwächere Objekte bzw. helle viel weiter entfernt sehen.

Größere Flächen sehen auch Details genauer (besseres Auflösungsvermögen). Einzelstern kann sich etwa damit als Doppelstern erweisen ...

... oder Details auf Mond/Mars sichtbar. Oder Substrukturen (Spiralarme, Gaswolken, Sternenhaufen) in ferner Galaxie. Mehr Details immer gut.

Vergrößerung ist nicht so wichtig. Besagt, wie groß ein Objekt auf die Netzhaut projiziert wird, nicht, wie viele Details erkennbar sind.

Um Teleskopbesitzer zu beeindrucken, sollte man nicht nach der Vergrößerung fragen, sondern nach der Blende (also Größe von Linse/Spiegel).

Turbulenzen in der Atmosphäre bestimmen, welche Details ein Teleskop sehen kann. Der lichtsammelnde Bereich des Spiegels ist also wichtiger.

10-m-Keck-Teleskop (Hawaii): ~650 × größer als Galileis 1. Fernrohr. Sieht Details 650 × besser & über 400 000 × schwächere Sterne.

125. WIE NEHMEN ASTRONOMEN DEN STERNEN DAS FUNKELN?

Um Sterne zu beobachten, ist ein wolkenloser Himmel nötig. Doch auch der ist nicht perfekt. Die turbulente Erdatmosphäre trübt den Blick.

Sternenlicht muss Luftblasen mit unterschiedlichen Temperaturen (Luftunruhe) durchdringen. Die Blasen beugen das Licht wie Linsen.

Ergebnis: Sterne funkeln, beben, blitzen, verändern scheinbar sogar ihre Farbe. Schön für Romantiker, schlecht für Astronomen.

Egal wie groß das Teleskop ist, die Luftunruhe begrenzt die Auflösung auf bestenfalls 1 Bogensekunde (= 5 mm auf 1 km).

Überraschend: Gutes Amateur-Teleskop hat die gleiche Auflösung wie das 10-m-Keck-Teleskop. Lichtsammelkapazität dort aber viel höher.

Um Sternfunkeln zu umgehen, benutzen Astronomen »adaptive Optiken«: messen Auswirkungen der Luftunruhe & korrigieren Teleskopbild ständig.

Wellenfrontsensor misst 100 × pro Sekunde Beeinträchtigung durch die Luftunruhe & schneller Computer berechnet die nötigen Korrekturen.

Oberfläche eines kleinen »Gummispiegels« dicht am Brennpunkt kann mit piezoelektrischen Kristallen (reagieren auf Strom) gebogen werden.

Gummispiegel kräuselt sich genau so, dass die atmosphär. Störungen ausgeblendet werden. Ist, als würde die Atmosphäre beiseitegeschoben!

Mit adaptiver Optik (AO) erlangen große Teleskope das Sehvermögen eines Adlers. Heute sind fast alle großen Teleskope damit ausgerüstet.

Manchmal wird Natriumlaser eingesetzt, um hoch oben in der Atmosphäre einen künstlichen »Leitstern« zu erzeugen, der die Luftunruhe anzeigt.

AO wurde ursprünglich vom US-Militär entwickelt: Spionagesatelliten müssen auch die Luftunruhe durchdringen – aber von oben nach unten.

126. WARUM KOPPELN ASTRONOMEN TELESKOPE?

Größere Teleskope liefern schärfere Bilder des Universums. Koppelt man 3 oder mehr kleine Teleskope, ist das Ergebnis dasselbe.

Technik heißt Interferometrie. Trick: Detektor glauben machen, dass die 2 Teleskopspiegel Teil eines einzigen Riesenspiegels sind.

Stellen Sie sich einen Spiegel mit 100-m-Durchmesser vor. Hätte eine ungeheure Lichtsammelkapazität & eine extrem hohe Auflösung.

Malt man schwarze Flecke auf den Spiegel, verringert sich die Lichtsammelkapazität. Aber nicht die Auflösung, wenn 100 m entfernt noch ...

… Teile arbeiten. Nun malt man den Spiegel bis auf 2 entgegengesetzte 10-m-Kreise am Rand schwarz. Folge: schwache, sehr scharfe Bilder.

Dann schneidet man die schwarzen Bereiche weg. Übrig bleiben zwei 10-m-Flächen, die 100 m voneinander entfernt sind.

Zusammen haben sie dasselbe scharfe Sehvermögen wie das imaginäre Riesenteleskop. Der Trick funktioniert aber nur, wenn …

… der Detektor im Brennpunkt das Sternenlicht von beiden Spiegeln »phasengleich« erhält = Kämme & Täler der Lichtwellen passend sind.

Bei gekoppelten Teleskopen sind High-tech-»Verzögerungsleitungen« mit Nanometer-Genauigkeit nötig, damit Sternenlicht phasengleich ankommt.

Bei längeren Wellen, etwa im Radiobereich, reicht geringere Präzision. Very Large Array in New Mexico Beispiel für Radiointerferometer.

Heute funktioniert Interferometrie auch bei großen optischen/Infrarot-Teleskopen.

Der Keck-Interferometer koppelt 2 identische 10-m-Teleskope, die 85 m auseinanderstehen. Beim Very …

… Large Telescope (ESA, in Chile) können 4 gleiche 8,2-m-Spiegel gekoppelt werden. Sie haben das Auflösungsvermögen eines 120-m-Teleskops.

127. WELCHES SIND DIE GRÖSSTEN TELESKOPE AUF DER ERDE?

2011 gab es auf der Erde 14 optische Teleskope mit einer Öffnung von mehr als 8 m. 6 davon befinden sich auf der Südhalbkugel.

Das größte ist aber das Gran Telescopio Canarias (GTC) auf der Kanareninsel La Palma. Sein 10,4-m-Spiegel besteht aus 36 Sechsecken.

Das GTC-Design basiert auf dem 10-m-Keck-Doppelteleskop auf dem Mauna Kea (Hawaii), betrieben von 2 kalifornischen Instituten & der NASA.

Auf dem 4200 m hohen Mauna Kea stehen auch das japan. 8,3-m-Teleskop Subaru (»Plejaden«) & das internat. 8,1-m-Gemini-North-Teleskop.

Wie Name verrät, hat Gemini einen Zwilling (Gemini South) auf dem Cerro Pachón in Nordchile. Subaru- & Gemini-Spiegel sind aus einem Stück.

Wenige 100 km nördl. vom Pachón liegt der Cerro Paranal (2635 m) mit dem Very Large Telescope (VLT) der Europäischen Südsternwarte.

Das VLT besteht aus 4 gleichen 8,2-m-Teleskopen: Antu, Kueyen, Melipal & Yepun (Sonne, Mond, Kreuz des Südens & Sirius in Mapuche-Sprache).

Auf d. Mt. Graham (Arizona) steht das Large Binocular Telescope: 2 8,4-m-Spiegel sind gleich montiert, arbeiten zusammen als Interferometer.

Die beiden übrigen Großteleskope sind Hobby-Eberly (Mt. Fowlkes, Texas) & Southern African Large Telescope (Südafrika).

Beide haben segmentierte 11-m-Spiegel, aber aufgrund ihrer Konstruktion werden max. 9–10 m genutzt. Himmelsausschnitt auch eingeschränkt.

Einsame Berge ideal für Großteleskope: klarer Himmel, trocken, dunkel (kaum Lichtverschmutzung) & ruhig (wenig Luftunruhe).

128. WANN WIRD DAS HUBBLE-WELTRAUM-TELESKOP ERSETZT?

Das Hubble-Weltraumteleskop (nach dem US-Kosmologen Edwin Hubble) befindet sich auf niedrigem Erdorbit & ist seit April 1990 im Orbit.

Warum Weltraum? 1. Himmel 24 h schwarz, 2. keine Atmosphäre = keine Luftunruhe, 3. dort oben UV & Infrarot möglich (sonst absorbiert).

Kehrseite: extrem teuer, Wartung & Reparaturen schwierig, aus Transportgründen ziemlich klein (es hat nur einen 2,4-m-Spiegel).

Hubble wurde 5 × von Shuttle-Astronauten gewartet. Sie reparierten oder ersetzten kaputte Teile & bauten neue, empfindlichere Kameras ein.

Hubble ist dadurch heute viel effektiver als vor 20 Jahren. Und: Es hat die Astronomie revolutioniert mit seinen fantastischen Bildern.

Wartung im Mai 2009 war die letzte. Hubble kann gut noch 10 Jahre arbeiten, aber wenn ein entscheidendes Teil ausfällt, ist es aus mit ihm.

Hubble wird nicht intakt zur Erde zurückkehren. Nach dem Ausfall wird es kontrolliert in die Atmosphäre tauchen & ins Meer stürzen.

Hubble-Nachfolger James-Webb-Weltraumteleskop bei der NASA in Bau. Projekt um Jahre hinter dem Plan & Etat weit überschritten.

Webb hat einen viel größeren, segmentierten Spiegel (6,5 m) & bekommt im All einen großen Sonnenschild zum Schutz v. Spiegel & Instrumenten.

Webb wird die Erde nicht umkreisen, sondern in 1,5 Mio. km Entfernung auf der sonnenabgewandten Seite der Erde im All stehen.

Grund: Webb soll im Infrarotbereich (Wärme) arbeiten & muss deshalb weit weg von der heißen Erde sein. Start per ESA-*Ariane* 2018 geplant.

129. WIE SEHEN KÜNFTIGE TELESKOPE AUS?

Nicht viel anders als heutige. Nur größer. Viel, viel größer. Jedenfalls sind sie es auf den Zeichnungen.

Mit Rotationsöfen kann man bis zu 8,4 m große Spiegel in einem Stück herstellen. Für größere Spiegel sind Tricks nötig.

Ein Trick – mehrere Spiegel auf 1 Gestell – soll beim Giant Magellan Telescope (GMT) angewendet werden (Cerro Las Campanas, Chile).

GMT soll aus 7 8,4-m-Spiegeln bestehen. 6 gruppieren sich um 7., zentralen Spiegel. Zusammen haben sie die Auflösung eines 24,5-m-Spiegels.

Zwei andere geplante Teleskope werden segmentierte Spiegel wie das Keck haben – aber nicht 36 Segmente wie das Keck, sondern Hunderte.

Das Thirty Meter Telescope (TMT) ist ein internat. Projekt unter Leitung der USA & Kanada. Geplanter Standort: Mauna Kea, Hawaii, Nähe Keck.

Die Europ. Südsternwarte (ESO) plant noch größeres Teleskop: 39,2 m Durchmesser. Cerro Armazones, Nordchile, Nähe Cerro Paranal.

ESO hat bereits ein Very Large Telescope, deshalb heißt das neue (Europ.) Extremely Large Telescope. Es leben die Superlative!

Mit 39,2 m wird der E-ELT-Spiegel eine Fläche (& damit Empfindlichkeit) haben, die 70% größer als beim Thirty Meter Telescope ist.

All diese geplanten Riesenteleskope sollen zwischen 2018 & 2022 fertiggestellt sein. Wenn denn die Finanzierung gesichert ist.

In ferner Zukunft könnte die ESO ein gigantisches 100-m-Teleskop bauen. Zumindest den Namen gibt es schon: Overwhelmingly Large Telescope.

130. WIE FUNKTIONIERT EIN NEUTRINO-»TELESKOP«?

Neutrinos: subatomare Teilchen aus Fusionsreaktionen im Sonneninneren. Halten Sie den Daumen hoch: 100 Mio. Mio. sausen pro Sekunde durch.

Charakteristikum der Neutrinos: ungesellig. Atome normaler Materie stoppen sie nicht. Sie interagieren zwar, aber extrem selten.

Trick, Neutrinos aufzuspüren: ihnen eine Riesenmenge Atome in den Weg stellen. Erhöht die Chance, dass 1 oder 2 festgehalten werden.

Ein Neutrinodetektor wie der Super-Kamiokande tief in einem Berg der japan. Alpen ist eine 10 Stockwerke hohe, mit Wasser gefüllte »Büchse«.

Gelegentl. interagiert Neutrino mit Proton im Wassermolekül. Subatomares Schrapnell im Wasser schafft Lichtäquivalent des Überschallknalls.

»Tscherenkow-Strahlung« (= blaues Licht in Kernkraft-Abklingbecken) wird von Lichtdetektoren verzeichnet, die sich in der Büchse befinden.

Neutrinodetektoren müssen tief unter d. Erde sein, um sie vor »Myonen« d. kosmischen Strahlung abzuschirmen, die Neutrinosignatur nachahmen.

Super-Kamiokande hat die Sonne »fotografiert« – nachts, mit Blick nach unten durch 13 000 km Gestein zur Sonne über der anderen Erdseite.

Neutrinoexperimente in Japan & USA fingen Neutrinos der Supernova 1987A auf. Die ersten Neutrinos von jenseits des Sonnensystems.

3 Typen von Neutrinos. Neutrino-Observatorium in Sudbury (Kanada) bestätigt, dass Neutrinos auf d. Weg von d. Sonne zwischen Typen wechseln.

Neuestes, höchst empfindliches Neutrinoteleskop: IceCube. Nutzt Würfel von 1 km^3 Antarktiseis als Detektor. Anfang 2011 fertiggestellt.

Viel Aufregung um Neutrinodetektoren. Wie das sichtbare Universum aussieht, wissen wir. Bislang aber keine Ahnung vom Neutrinouniversum.

WEGE, DAS UNIVERSUM ZU BETRACHTEN

131. WAS IST LICHT?

Isaac Newton (1643–1727): Licht besteht aus winzigen Teilchen, die sich geradlinig ausbreiten. Theorie 1704 in ›Opticks‹ dargelegt.

Christiaan Huygens (1629–1695) anderer Meinung: Licht ist eine Welle, wie Schall. Theorie 1690 in ›Abhandlung über das Licht‹ dargelegt.

1801 zeigte Thomas Young in London, dass sich 2 Lichtstrahlen verstärken oder auslöschen können (Interferenz). Charakteristisch für Wellen.

Im 19. Jh. entdeckten Michael Faraday & James Clerk Maxwell, dass Licht »elektromagnet.« Welle ist, die das All mit 300000 km/s durchmisst.

Ungeachtet seines Wellencharakters zeigten Albert Einstein & Robert Millikan, dass Licht aus Energie-Päckchen/ Quanten (Photonen) besteht.

Laut Quantenphysik hat Licht Teilchen- wie Wellencharakter. Energie d. Photons hängt von seiner Wellenlänge ab, Photonen zeigen Interferenz.

Wellenlänge sichtbaren Lichts reicht von 380 Nanometer (violett, hohe Energie) bis 780 nm (rot, niedrige Energie). Sonnenlicht: alle Farben.

Weißes Sonnenlicht kann durch Brechung in Wassertröpfchen (Regenbogen) oder Prisma in die enthaltenen Farben (Spektrum) zerlegt werden.

Heiße Gase emittieren nur bestimmte, charakterist. Wellenlängen. Natriumdampf: oranges Leuchten. Kosmische Wasserstoffwolken: rosa Leuchten.

Gase in d. Sonnenatmosphäre absorbieren bestimmte Wellenlängen. Ergebnis: dunkle Fraunhofer-Linien, die auf Zusammensetzung schließen lassen.

Polarisation des Lichts erlaubt Rückschluss auf Magnetfelder, Rot- od. Blauverschiebung von Spektrallinien auf Bewegungen.

Energieverteilung des Lichts (eher blau/eher rot) besagt etwas über Temperatur des emittierenden Körpers. Licht enthält 1000 Informationen!

Sichtbares Licht nur Winzbereich des elektromagnet. Spektrums. Mit ihren Instrumenten untersuchen Astronomen auch andere Strahlungsarten.

132. WAS IST LICHTGESCHWINDIGKEIT UND WARUM IST SIE VON BEDEUTUNG?

Lichtgeschwindigkeit (c) spielt Rolle unendlicher Geschwindigkeit im All: Unendlichkeit ist unerreichbar, Materie kann c nicht erlangen.

Warum ist c unerreichbar? Energie hat Masse. Wird ein Körper schneller angetrieben, nimmt die Bewegungsenergie & somit seine Masse zu.

Würde die Geschwindigkeit c erreichen, würde die Masse ins Unendliche katapultiert.

Bewegt sich etwas unendlich schnell, ist Ihre Geschwindigkeit im Vergleich dazu zu vernachlässigen. Egal, wie schnell Sie sind.

Ebenso messen Sie immer die gleiche Lichtgeschwindigkeit, egal, wie schnell Sie sich im Verhältnis zur Lichtquelle bewegen.

Wenn sich jemand mit halber Lichtgeschwindigkeit nähert & mit Lampe in Ihre Augen leuchtet, erreicht Sie das Licht mit c, nicht mit 1,5 c.

Jeder misst gleiche Geschwindigkeit (Entfernung/Zeit) des Lichts, also müssen alle Entfernungs- (Raum-) & Zeitschätzungen analog sein.

Art, in der Raum- & Zeitintervalle sich für Vorbeikommende zu ändern scheinen, hängt einzig von Geschwindigkeit relativ zu Ihnen ab.

»Bewegte Uhren gehen langsamer, bewegte Lineale schrumpfen.« Vorbeikommende Person bewegt sich in Zeitlupe & schrumpft in Bewegungsrichtung.

Doch »Zeitdilation« & »Lorentz-Kontraktion« nur merkbar, wenn sich etwas mit gut Teil der Lichtgeschwindigkeit im Verhältnis zu Ihnen bewegt.

Lichtgeschwindigkeit mehr als Mio. × schneller als Passagierjet. Auswirkungen der »speziellen Relativität« im Alltag nicht zu merken.

Reist man fast mit Lichtgeschwindigkeit zu Sternen, wird Zeit so verlangsamt, dass bei Rückkehr einige Mio. Jahre vergangen sein könnten.

133. WAS EMPFANGEN RADIOTELESKOPE?

Radiowellen sind elektromagnet. Wellen mit einer Wellenlänge von mehr als 1 cm. Sie haben die niedrigste Energie im elektromagnet. Spektrum.

1930 entdeckte der US-Radioingenieur Karl Jansky (Bell Laboratories) Radiowellen, die aus der Milchstraße kamen. Geburt der Radioastronomie.

7 Jahre später baute Grote Reber privat eine steuerbare Parabol-Radioschüssel. Suchte Himmel nach Radiowellen ab, entdeckte unstete Quellen.

Vorteil der Radioastronomie: Kosm. Radiowellen können auch tagsüber, bei Regen oder Schnee untersucht werden – kein Nachthimmel erforderlich.

Im WK II bewies d. niederländ. Astronom Henk van de Hulst: Kaltes, neutrales Wasserstoffgas müsste schwache 21-cm-Radiowellen ausstrahlen.

21-cm-Strahlung wurde im März 1951 von Harold Ewen & Edward Purcell (Harvard) & im Mai 1951 von dem Niederländer erstmals entdeckt.

Alsbald wurden große Radioteleskope in Dwingeloo (Niederlande, 1956, 25 m Durchmesser) & Jodrell Bank (England, 1957, 76 m) gebaut.

Mit Radioteleskopen konnten Astronomen die Spiralstruktur der Milchstraße & kalte, äußere Bereiche anderer Galaxien kartieren.

RTs nehmen auch »Synchrotronstrahlung« (bei vielen Wellenlängen) auf: wird emittiert, wenn schnelle Elektronen um Magnetfeldlinien kreisen.

Radioastronomie kann so schnell rotierende Pulsare, aktive Galaxien, Energiestrahlen von Schwarzen Löchern & entfernte Quasare untersuchen.

Größte Radioschüssel: Arecibo, Puerto Rico (305 m), steht in Talmulde. Größte steuerbare Schüssel: Green Bank, Virginia (100 × 100 m).

Very Large Array (New Mexico) & Westerbork Array (Niederlande) gehören zu größten Interferometern: Kleine Schüsseln zu Netzwerk gekoppelt.

Square Kilometre Array (Südhalbkugel) wird das größte Radio-Observatorium aller Zeiten sein: Tausende kleiner Antennen mit zus. ~1 km^2.

134. WIE SIEHT DER MIKROWELLENHIMMEL AUS?

Am Nachthimmel sieht man verstreute Sterne. Doch die auffälligste Erscheinung des Nachthimmels ist, dass er überwiegend schwarz ist.

Sichtbares Licht nur Winzbereich d. »elektromagnet. Spektrums«. Andere Arten v. Licht (unsichtbar): Röntgenstrahlen, Infrarot & Radiowellen.

Stellen Sie sich »Zauberbrille« vor, bei der Sie mit einem Knopf am Rahmen einstellen können, welches Licht Sie sehen wollen.

Gehen Sie auf Röntgenstrahlen, sehen Sie Dinge wie Schwarze Löcher. Der Himmel bleibt aber überwiegend schwarz. Auch bei anderen Lichtarten.

Ausnahme: Mikrowellen, kurzwellige Radiowellen, die bei Mobilfunk, Fernsehern & natürlich Mikrowellenherden zum Einsatz kommen.

Gehen Sie auf Mikrowellen, ist der Himmel nicht mehr überwiegend schwarz. Im Gegenteil, er ist überall blendend weiß.

Was Sie sehen, ist das »Nachglühen« des Urknall-Feuerballs. 13,7 Mrd. Jahre nach dem Ereignis erfüllt es immer noch den gesamten Raum!

Die »kosmische Hintergrundstrahlung«, bei der Expansion des Universums auf –270 °C abgekühlt, macht 99,9 % der Photonen im All aus.

Schauen Sie genauer hin: Das Nachglühen ist nicht gleichförmig weiß, manche Stellen sind etwas heller/dunkler als der Durchschnitt.

Heiße & kalte Stellen im »Nachglühen der Schöpfung« zeigen Materie des Urknall-Feuerballs, die anfängt, zu allerersten Galaxien zu erstarren.

Das Urknall-Nachglühen zeigt das Universum 380 000 Jahre nach seiner Geburt. Weiter in der Zeit können wir per Licht nicht zurückschauen.

Dass das Universum – der gesamte Raum – immer noch von der Hitze nachglüht, ist der schlagendste Beweis für den Beginn mit einem Urknall.

135. WIE MESSEN ASTRONOMEN TEMPERATUREN IM UNIVERSUM?

Infrarotstrahlung mit Wellenlängen zwischen 700 Nanometer & 1 Millimeter wurde 1800 von William Herschel (1738–1822) entdeckt.

Herschel zerlegte das Sonnenlicht mit einem Prisma in sein Spektrum von Rot bis Blau & maß mit Thermometern die Energie jeder Farbe.

Er stellte fest, dass ein Thermometer jenseits von Rot auch Wärme verzeichnete, offenbar von unsichtbarer langwelliger Strahlung.

Heute ist die Infrarotstrahlung (IR, Wärmestrahlung) gut bekannt & wird bei Nachtsichtgeräten oder Kameras für Nachtaufnahmen eingesetzt.

Im All emittieren kalte Objekte, etwa dunkle Staubwolken, die meiste Energie im IR-Bereich. IR-Astronomie zeigt das staubige Universum.

Staub ist für IR-Licht durchlässig. IR-Teleskope zeigen in Staubwolken gehüllte Protosterne, auch wenn das sichtbare Licht absorbiert wird.

Problem: Kosmische IR-Strahlung wird z. T. von Wasserdampf in Erdatmosphäre absorbiert. Teleskop muss also auf hohem Berg od. im All sein.

Heute sind die meisten Riesenteleskope auf der Erde (Keck, VLT) mit Kameras für sichtbares Licht & Detektoren für nahes IR ausgestattet.

Frühe IR-Detektoren hatten keine gerichtete Empfindlichkeit. Man konnte nicht den Infrarothimmel abbilden, bekam nur unscharfe Bilder.

Heute enthält jeder Camcorder IR-empfindliche CCD-Sensoren. Technologie/Möglichkeiten jetzt optischen Systemen vergleichbar.

Um schwache IR-Strahlung aus dem All zu »sehen«, müssen die Detektoren fast auf den absoluten Nullpunkt gekühlt werden (m. flüss. Helium).

Erste IR-Gesamtkarten des Himmels machte IRAS (1983). Entdeckte 350000 Quellen, darunter protoplanetare Scheiben, ferne Staubgalaxien.

Viele IR-Weltraumteleskope folgten, z.B. Spitzer-Weltraumteleskop (NASA 2003) & Herschel (ESA 2009). Hubble hat auch Kamera für nahes IR.

6,5-m-James-Webb-Weltraumteleskop (NASA/ESA-Nachfolger f. Hubble, f. 2018 geplant) soll hauptsächlich im IR-Bereich beobachten.

136. WIE SIEHT DER ULTRAVIOLETTE HIMMEL AUS?

Ultraviolettes (UV) Licht hat Wellenlängen zwi. 10 & 400 Nanometer. Nicht fürs menschliche Auge sichtbar, aber f. manche Tiere, etwa Bienen.

UV-Photonen sind viel energiereicher als Photonen von sichtbarem Licht. Daher bewirkt UV-Licht der Sonne Sonnenbrand oder Hautkrebs.

Zum Glück wird die meiste UV-Strahlung von der Erdatmosphäre absorbiert. Deshalb Zerstörung der Ozonschicht durch FCKWs so gefährlich.

Nur sehr heiße Objekte wie junge, massereiche Sterne & verdichtete Weiße Zwerge emittieren primär Energie im UV-Wellenbereich.

Meiste Sterne leuchten im UV-Bereich schwächer als in dem sichtbaren Lichts. Hätten wir UV-sensible Augen, wäre der Nachthimmel langweilig.

Kosmische UV-Strahlung kann nur im All beobachtet werden. Berühmte UV-Satelliten: International Ultraviolet Explorer (1978–96), FUSE (1999).

Hubble-Weltraumteleskop hat auch UV-Spektrograf/ Kamera – STIS. 1997 eingebaut, 2004 kaputt, 2009 von Astronauten repariert.

Aktivstes UV-Weltraumteleskop ist derzeit GALEX (Galaxy Evolution Explorer), 2003 gestartet. Beobachtet die Sternbildung in fernen Galaxien.

UV-Teleskope könnten auch warmes/heißes intergalaktisches Medium (WHIM) nachweisen: hochverdünntes Gas zwischen Galaxien & Galaxienhaufen.

Sauer- & Stickstoffatome im WHIM, die Elektronen verloren haben, zeigen sich, weil sie best. UV-Wellenlängen ferner Quasare absorbieren.

UV-Kameras in Sonnen-Weltraumteleskopen wie SOHO & Solar Dynamics Observatory beobachten derweil Sonneneruptionen (Flares).

137. WIE RÖNTGEN ASTRONOMEN DAS UNIVERSUM?

Die energiereichsten Formen natürlicher Strahlung sind Röntgen- (0,01–10 Nanometer Wellenlänge) & Gammastrahlen (alles unter 0,01 nm).

Röntgenstrahlen werden in der Medizin eingesetzt. So energiereich, dass sie durch menschl. Gewebe dringen & in hohen Dosen Krebs auslösen.

Gammastrahlen: noch energiereicher. Entstehen bei Kernreaktionen. Tödlich. Erdatmosphäre blockiert aber kosmische Röntgen- & Gammastrahlen!

Forschungsrakete entdeckte 1949 Röntgenstrahlung von der Sonne. 1962 entdeckte andere F-Rakete erste kosmische Röntgen-Quelle: Scorpius X-1.

Seither gab es viele Röntgenbeobachtungssatelliten, etwa Chandra (NASA) & XMM-Newton (ESA), beide derzeit in Betrieb.

Röntgenstrahlen würden einfach durch Teleskopspiegel hindurchgehen, also spezielle Optiken/Detektoren nötig, um Röntgenhimmel aufzunehmen.

Röntgenstrahlen werden von extrem heißem Gas (Mio. Grad) emittiert, z. B. wenn es in Schwarzes Loch gezogen wird od. in Supernova-Explosion.

Gammastrahlenbeobachtung u.a. mit Compton Gamma Ray Observatory (1991–2000), Integral (ESA) & Fermi (NASA), beide noch in Betrieb.

Wichtig: Gammablitze. Die energiereichsten Ereignisse im Universum, hervorgerufen durch Riesensternexplosionen od. Neutronensternefusionen.

Wechselseit. Zerstörung von Materie & Antimaterie, Zerfall von Partikeln hypothet. dunkler Materie erzeugen auch diffuse Gammastrahlung.

Sehr hochenergetische Gammastrahlen-Photonen erzeugen Schauer von Sekundärpartikeln in der Erdatmosphäre, vom Boden aus zu beobachten.

Röntgen- & Gammastrahlen zeigen abenteuerlustigen Astronomen hochenergetisches All: heißeste, heftigste & explosivste Naturereignisse.

138. WAS IST KOSMISCHE STRAHLUNG?

Das sind keine Strahlen, sondern energiereiche Partikel aus dem All, deren Herkunft nicht genau geklärt ist.

1912 entdeckte der österreich. Physiker Victor Hess bei einer Ballonfahrt in 5300 m Höhe, dass Atome weiter oben mehr Elektronen verlieren.

US-Physiker Robert Millikan meinte irrtüml., hochenergetische Photonen würden diese »Ionisierung« bewirken. Prägte »kosmische Strahlung«.

Rund 90% der kosmischen Partikelstrahlung sind Protonen (Wasserstoffkerne), 9% Alphapartikel (Heliumkerne), 1% schwerere Kerne.

Kollisionen mit Luftmolekülen bewirken Schauer von Sekundärpartikeln & sehr schwaches Leuchten (Tscherenkow-Strahlung).

Schauer werden von über großes Gebiet verteilten, bodenbasierten Partikeldetektoren aufgespürt, Tscherenko-Strahlung von Lichtdetektoren.

Beste Beobachtungseinrichtung für kosmische Strahlung ist das Pierre-Auger-Observatorium in Argentinien: 1600 Detektoren auf 3000 km².

Leider lenkt Magnetfeld der Milchstraße geladene Teilchen ab, sodass Richtung bei ihrer Ankunft auf der Erde nicht Ursprungsrichtung ist.

Ultra-hochenergetische kosmische Strahlung: Protonen fast mit Lichtgeschwindigkeit. Haben so viel Energie wie fest geschlagener Tennisball.

Diese Protonen sind 50 Mio. × energetischer als die energiereichsten Partikel, die in menschl. Teilchenbeschleunigern erzeugt werden.

Sie sind sehr selten & nicht leicht aufzuspüren. Vielleicht in relativ nahen Galaxien entstanden, die zentrale Schwarze Löcher aufweisen.

Weniger energiereiche kosmische Strahlung wird wahrscheinl. in d. Druckwellen von Supernova-Explosionen beschleunigt. Genaueres noch unklar.

139. WAS VERRATEN KOSMISCHE NEUTRINOS ÜBER DAS UNIVERSUM?

Neutrinos sind subatomare Partikel, die so gut wie keine Masse haben. Interagieren kaum mit anderen Teilchen, deshalb schwer aufzuspüren.

Neutrinos wurden 1930 von Wolfgang Pauli postuliert, um Teilchenexperimente zu erklären. Entdeckung erst 1956 in einem Atomreaktor.

Das Universum ist voll mit Neutrinos. Pro Sekunde dringen rund 400 Billionen Neutrinos mit Lichtgeschwindigkeit durch Ihren Körper.

Viele Neutrinos entstanden beim Urknall. Andere bei Kernreaktionen im Zentrum von Sternen & bei Supernova-Explosionen.

Neutrinos können in riesigen Wassermengen beobachtet werden: Ganz selten interagieren sie mit Atomen & produzieren winzige Lichtblitze.

Neutrinodetektoren sind unterirdisch aufgebaut, um sie vor kosmischer Strahlung abzuschirmen. Große Anlagen: Super-Kamiokande, Sudbury.

Größte Anlage ist heute IceCube Neutrino Observatory am Südpol: 1 Kubikkilometer Eis mit Tausenden von Lichtdetektoren.

Die meisten Neutrinos kommen vom Kern der Sonne auf die Erde. 1987 wurden zufällig Neutrinos von naher Supernova-Explosion entdeckt.

Während sie durchs All strömen, ändern Neutrinos ihre »Generationen« (Elektron/Myon/Tau-Neutrino). Nur bei geringer Masse möglich.

Ihre Masse ist so gering, dass vom Urknall übrige Neutrinos trotz ihrer großen Zahl nicht die Dunkle Materie sein können.

Neutrinos einzige »Boten«, die wir direkt vom Kern der Sonne empfangen. Kosmische Neutrinos könnten auch Supernova-Explosionen erhellen.

Hauptziel der Neutrino-Astronomie ist, mehr über die Grundeigenschaften der Natur zu erfahren, ev. sogar über das Rätsel der Dunklen Materie.

140. WAS SIND GRAVITATIONSWELLEN?

Gravitationswellen sind hypothetische Wellen, die sich wie Kräuselungen auf einem Teich mit Lichtgeschwindigkeit in der Raumzeit ausbreiten.

Lt. Einsteins allgemeiner Relativitätstheorie kann der starre, 4-dimensionale Raum durch Masse verformt/gekrümmt werden.

Ebenso schaffen sich beschleunigende Massen sich fortpflanzende Wellen in der Raumzeit, die Energie abtransportieren: Gravitationsstrahlung.

1974 entdeckten Russell Hulse & Joe Taylor, dass Orbit des Doppelpulsars B1913+16 Energie verliert & um 3,5 m pro Jahr schrumpft.

Energieverlust entspricht genau den Vorhersagen der allgemeinen Relativitätstheorie. Doppelpulsar emittiert offenbar Gravitationsstrahlung.

Direktes Aufspüren ist schwierig, da die Wellenamplitude sehr klein ist. Detektoren setzen Laserstrahlen in km-langen Vakuumröhren ein.

Selbst sensible LIGO-Detektoren in den USA hatten nie Erfolg. Höhere Empfindlichkeit ab 2014 ändert das vielleicht.

Als Quellen von Gravitationswellen zu erwarten: massereiche Körper auf Umlaufbahnen, Supernova-Explosionen, Gammablitze, Schwarze Löcher.

Künftige, im All stationierte Detektoren finden viell. auch hochfrequente Gravitationswellen, die noch vom Urknall stammen.

Die Gravitationswellenastronomie öffnet ein ganz neues Fenster ins Universum. Könnte Phänomene aufzeigen, die nie ein Mensch ...

... zuvor gesehen hat. Ist das nicht obercool?

INHALT

DANKSAGUNGEN

Govert möchte seinen Twitter-Followern für ihr Interesse an seinen wöchentlichen Astronomie-»Zwitscherlektionen« auf Twitter, die zu diesem Buch führten, danken. Und Marcus für die Begeisterung, mit der er bei ›Das Universum twittern‹ mitgearbeitet hat.

Marcus möchte Neil Belton, Henry Volans, Stephen Page, Felicity Bryan und Karen Chilver für ihr Vertrauen und ihre Ermutigung danken. Und natürlich Govert.